U0003568

aisé

潮流媽咪穿搭讀本！
天后御用造型師的時尚穿搭課程

「毎日楽しい！」おしゃれをつくるコーディネートLESSON

林 智子

hayashitomoko

享受穿搭所帶來的愉悅，會讓你更珍惜自己的每一天。
經過日積月累，會讓你更認真地看待自己的生活。

最重要的不是「時尚」本身。而是在它前方：充實的生活與幸福的感受。最終我們希望能達成的目標，是慢慢地靠近自己的渴望和理想，朝氣蓬勃度過每一天。

前言 *Introduction*

我目前是一名「服飾規劃師」，專門為個人客戶提供衣帽間整理以及造型服務。

因為我本來就對服飾很感興趣，所以在打扮自己的時候也一直覺得輕鬆愉快。

但是即使是這樣的我，自從生下了女兒，並開始專心照顧她的那一刻起，生活就出現了180度的變化。

不僅開始把自己的事情全部往後延，也開始覺得「好累喔，隨便穿一穿就好」、「我明明就有很多衣服，卻總是穿那兩三件……」。

沒有辦法再像以前一樣享受穿搭的樂趣，衣服太多甚至變成了我的難題。

就在這個時候，我遇見了現在的老闆——生活整頓師鈴木尚子。

是她改變了我的想法。

因為「我想要再一次穿出獨一無二的自己！」，所以我開始認真思考：

4

該如何利用有限的預算享受購物的樂趣？
要怎麼利用平價服飾搭配出跟得上潮流的造型？
什麼樣的飾品才可以讓媽媽們無後顧之憂、盡情的搭配？
以及「什麼樣的服裝最能穿出自我風格？」

並從嘗試和錯誤中站穩腳步，
了解該如何才能享受自我風格。
因為我也曾迷失在時尚潮流裡，
所以現在的我更確信，
只要「喜歡自己的穿著，每天都會開心！」。

工作、結婚、生產、養育孩子
會讓女性的生活產生很大的變化，
常常需要努力適應新的環境。
因此「做自己」這個觀念十分重要。
本書將由我一個平凡的家庭主婦／媽媽推薦適合的單品，
讓大家「舒適又自在地享受時尚」。
如果我能為大家帶來享受美麗的契機與動力，
會讓我覺得非常開心。

林　智子

5

Mama
needs
Fashion

媽媽
更需要好好地打扮自己！

女性會在人生裡迎接各種變化。
尤其在有了孩子以後，
總是會把自己的需求排進次要順位。
但是，對孩子和家人來說，
沒有什麼事情比得上
最心愛的媽媽笑著陪在他們的身邊，
更能讓他們感到安心和幸福。
所以，為了孩子，你更應該珍惜自己。
盡情享受「現在」這個獨一無二的時光。
從我自己的經驗來看也是如此。
因為我們好不容易才擁有名為「孩子」
且無可取代的最珍貴寶貝。

Clothes at Working Day

上班的時候，
要依照目的選擇合適服裝

我一直認為衣著可以代替名片，
向別人介紹自己。
所以最好依照那一天的工作內容，
選擇符合年齡又潔淨清爽的服裝。
以我為例，每天我出門工作時，
總是會刻意為當天預約做造型設計的客戶，
挑選能讓他們做為參考的衣飾。
在媽媽必備的牛仔褲上，
帥氣地套上一件西裝外套，
馬上就能進入到工作狀態。
這就是最能代表我本人的風格。

Enjoy
my
Fashion

偶爾要抽空
犒賞自己，
只為自己打扮

暫時卸下「媽媽」和「妻子」的身分，
給自己一點獨處的時間。
一段可以隨心穿戴醒目的飾品、
喜歡的衣服，
誠實地面對自己，
然後坐在漂亮的咖啡店裡吃吃美食，
悠閒地看看書……．
好好地調適心情，為自己補充能量，
隨著個人喜好度過的空閒時光。
這是即使只有片刻
也無比珍貴的充電時間。

Contents

「服裝規劃師——林 智子」的成長軌跡

大家對服裝規劃師的印象大多是很善於做理論上的解說，而且又擅長整理收納。不過，雖然我本來就很喜歡接觸流行事物，卻不懂得整理和收納。所以接下來我將跟各位聊聊，為什麼我會變成服裝規劃師，又為什麼會開始為別人打理個人造型。

 33 years old 成為一個孩子的母親，在對整理家務及穿著煩惱不已的時候，遇見了「生活整頓」這門專業。

孩子出生以後，生活方式也產生了改變。等我回過神來的時候，家裡已經到處都是東西。就算想整理也不知道該從哪裡開始，正覺得很茫然的時候，我從雜誌認識了生活整頓師鈴木尚子，並且預約了整理收納的諮詢服務。因為這個諮商讓我產生了巨大的改變，也改變了我的人生。

 36 years old 獨當一面成為一名服裝規劃師

18 years old 因為爸爸工作調動的關係，我從小學開始就住在國外，高中三年都在巴黎生活。那個時候最喜歡A.P.C這個品牌。

走巴黎女性風格的高中時代

25 years old

在服飾業工作的時代

大學畢業後進入了服飾業。在最愛的時尚世界裡，累積了許多為客戶搭配造型的有趣經驗。但是在這之後我轉換了跑道，改從事美術方面的工作。

那個時候我因為結婚、懷孕的關係辭掉了工作。一邊享受當家庭主婦的生活，一邊懷疑自己是否應該繼續穿最愛的二手服飾，感到疑惑的時期。

30 years old

對穿著感到茫然的新手媽媽時代

我如何從不會整理，到成為一名規劃師

我從小就很喜歡服裝，長大後也如願進入服飾業工作。當時從設計師品牌到二手衣、快速時尚品牌都在我的選擇範圍內。但是這樣的生活在結婚、孩子出生後變得不同。不擅長整理成為我最大的煩惱。而一直想著「身為全職主婦不好好整理不行」，也讓做不到的我漸漸累積了許多壓力。就在某一天，當我生氣地責罵3歲的女兒：「把東西收好！」，她反問我：「媽媽，東西要收到哪裡去呢？」時我才驚訝地發現，孩子沒法自己收拾，是因為我沒有給她一個容易歸位的環境。大約就在那個時候，我從雜誌『VERY』上看到「生活整頓」一詞，以及「鈴木尚子」這位專家。因為這個契機，我開始閱讀她的部落格，並發現我

「服裝規劃師」是
什麼樣的工作？

服裝規劃師是經過「日本生活整頓協會（Japan Association of Life Organizers）」承認的認證，主要是協助規劃衣櫥內外環境，以及讓委託人穿出自我風格。另外還有「個人造型諮詢服務」。我會結合在服飾業累積的經驗，到委託人的家中以現有的服飾提出適合的造型建議。

「個人造型諮詢」步驟說明

3
確認穿搭方式
先請客戶搭配數套常用的服裝，再由我找出改造的方法，力求接近客戶心目中理想的樣子。

2
個人色彩鑑定
將色布靠近客戶臉部後照鏡子，鑑定出最適合的顏色。了解適合的顏色，也等於建立好服裝的選擇標準。

1
需求訪談
想要擁有什麼樣的形象？現在的煩惱是什麼？幫助客戶釐清需求。

Option
陪同客戶購物
由我和客戶一起外出，選購接近理想風格又合乎預算的衣服。

如果需要的是規劃衣櫥環境…
重新檢視衣櫥裡的衣物
若要整理衣櫥，就必須將衣櫥中所有的衣物拿出分類，並將選中的衣服收進衣櫥。

4
搭配建議
利用現有的單品示範搭配，並建議需要補充的款式。

們有許多共通點。我想她或許能夠了解我的煩惱，所以預約了諮詢服務。沒想到她一開口就說：「你現在擁有的衣服，是實際需要量的3倍」。接著又問我：「再過3年、5年，你想過什麼樣的生活呢？等理好了以後」，這個跟未來有關的問題讓我驚醒。我回答她：「我想成為一個能穿著簡約優質針織衫的俐落女性。比起衣服的數量，我更在乎品質。」，這也成為後來我努力的目標。回家後我把衣服的數量減少到剩下1／3，也再度對自己的穿著感到滿意。這個經驗同時成為一個契機，我有了想要幫助別人「打造真我生活」的念頭，努力考取了生活整頓師、服裝規劃師的證照。透過造型諮詢找回委託人的自信和對服裝的熱情，是讓我覺得最有價值和最高興的事。

Chapter 1

我對自己的品味沒有自信
那就先決定未來想要的風格吧！

為了天天都穿得滿意，
度過夢想中的每一天

各位對自己現在的穿搭是否滿意呢？我想正是因為不滿意，想要「穿得更有型」，所以才會閱讀您手上的這本書吧。在開始之前我們先仔細想想，大家心裡那個悶悶的感覺究竟是從哪裡來的呢？答案並不是你「沒有品味」！而是如果你不深入挖掘，好好面對「老是買很像的衣服」等問題，就無法解決你在穿搭上的困擾。請先試著了解自己感到不舒服的真正原因，然後再決定自己想要的風格。舉例來說，當我們準備要去旅行，如果不先決定目的地，是不是就沒有辦法準備行李和規劃其他行程了？同樣的，如果不先決定想要的風格，就不會知道自己該買什麼樣的衣服。要是憑著模擬兩可的感覺購

How to Improve Your Sense

Do you enjoy the fashion? You should have confidence.
"I have no sense." It is a mistake. You just don't make clear the style that you aime at.
Let's make clear the style that you aim at. That is the first step of the fashion.

物，就會掉進明明有衣服卻總是覺得不夠的循環裡無法自拔。所以，首先我們所要做的，就是好好檢視您自身的現狀，還有想要達成的目標風格。只要目標夠明確，就能很快地接近自己喜愛的裝扮。所以比起出門購物，應該要先思考自己想要變成的樣子，還有想像在不久的未來，3年後、5年後自己的樣子。只要循序漸進地思考，就能分析出自己想要什麼風格。你是不是也覺得作為一個家庭主婦、一個媽媽，每天在工作、家事和養育孩子之間打轉，過著忙碌的生活，其實沒有什麼機會可以好好看看自己，想想自己的需求呢？請在晚上睡覺前好好喝杯美味的茶，留點「一個人思考」的時間給自己吧！

找出「屬於自己的穿搭方式」，享受時尚！

充分掌握自己的煩惱和現狀，就是找出「屬於自己的穿搭方式」，
享受時尚的第一步。讓我們一起趕走腦中雲霧，迎接清晰的思路。

Step 1 掌握自己目前的狀

就好比去醫院的時候，醫生是不是一定會問：「今天哪裡不舒服呢？」。服裝也是如此，重點在於釐清壓力的來源，直接面對並尋求解決的方式。首先，把「都是安全的顏色」或「搭配出來的感覺都差不多」等想到的煩惱都寫在紙上，透過將腦中混亂的想法「可視化」，試著整理自己的思緒。不過，我想可能有些人很難找到真正的原因，因此我將客戶常有的煩惱做成一個排行榜列在左頁，提供大家參考。

16

你在煩惱什麼？

為各位介紹幾個代表範例。
大家可以參考這裡的例子，試著寫下自己的煩惱。

☑ 總是一不小心就買了類似的衣服

☑ 搭配出來的風格總是一成不變

☑ 總是穿著暗色系的衣服

☑ 不知道怎麼靈活運用飾品配件

☑ 即使穿了雜誌款服裝，看起來卻沒有那麼出色

☑ 不知道該穿什麼樣的衣服

☑ 不知道該如何參考雜誌的搭配方式

☑ 曾經很適合自己的衣服，變得不再適合自己

☑ 雖然喜歡簡單一點的設計，卻被嫌很無趣

☑ 不知如何善用平價服飾，總讓衣著看來很廉價

「5年後的你會是什麼樣子？」

After five years

5年後的你……

過著什麼樣的生活？

....

....

做什麼樣的打扮？

....

....

想要和誰，做什麼事？

....

....

想要享受什麼樣的樂趣？

....

....

「5年後的你會是什麼樣子？」就如同我在前面提過的，在我人生中最迷惘的時候，這個問題突然被「碰」一聲丟到我的跟前。也是在那個時候，我才清楚了解到，未來我想成為一個「不再穿著現在喜歡的二手衣和印花衣，而是適合穿著喀什米爾羊毛衫的優雅女性」。

在那之後，我的生活產生戲劇性的轉變。我成功地把以前捨不得丟的大量衣服處理掉一大部分。只要好好思考自己在5年後想呈現出來的樣子，就可以清楚地知道今後該購買哪些款式，還有應該要慢慢整理、淘汰掉哪些衣服。我們可以先從比較遙遠的5年後開始想像，再拉近到3年後，最後思考1年後的改變。每個人的心中對「想要成為的樣子」都有自己的答案。讓我們把模糊不清的目標化為具體，努力實現吧。

「穿搭風格」
變身術

從雜誌剪下喜愛的造型圖片後，依照風格分類，再列出關鍵字……這是我們在參加講座時實際操作的方法。因為很簡單，請各位也在家裡試著挑戰看看。

建議大家拍下照片
存進手機裡！

point / 01

剪下喜愛的
造型圖片

翻閱自己喜歡的雜誌，以「我喜歡！我想穿看看」的觀點挑選、剪下圖片。
這樣就可以收集到自己「喜歡」的造型，光是翻閱就會覺得很幸福。

point / 02

依照風格分類

隨意以「米色外套大衣」、「褲裝造型」等名稱分類，並試著將風格一樣的圖片歸類黏貼在紙上。

point / 03

列出關鍵字

將黏貼時觀察到的關鍵字寫在紙上。
這個方法能讓想達成的穿搭風格變得更具體。

將自己認為最棒的穿搭風格剪貼成資料以後，剩下最後一個步驟就是「實踐」。我們要思考如何將心儀的風格融入自己的造型中。即使無法完全一致，但只要在能力所及的範圍讓自己覺得「這樣我很滿意！」，就算是成功了！舉例來說，不要認為「出現在雜誌裡的衣服都很貴，跟我無緣」。只要風格夠明確，也可以運用UNIQLO或ZARA等平價服飾替代，或是改用和自己的生活型態相符的產品。接下來我將準備幾個範例為大家說明，如何將心儀的風格利用替代產品呈現在實際生活當中。

替代方案　　　　　　　　　　　　　　心儀的風格

色彩鮮豔的短裙真的好美！
但是，對需要跑來跑去的媽媽來說，
好像沒有什麼機會可以穿……

替換成長褲

將短裙換成長褲
只參考顏色
就很適合用在平日的穿著

裙裝不太適合我的生活型態……如果是
這樣的話，你可以只參考配色，把裙裝
換成方便活動的長褲。平價服飾的效果
應該也會讓人十分滿意。

縮小印花的使用面積
利用印花鞋或配件點綴

因為已經是需要鼓起勇氣才敢把滿版印花穿上身的年齡，而且也沒有適合的場合⋯⋯
這時候只要利用印有喜歡圖案的鞋子或配件，就能放心使用在身上。

替換成印花鞋

Mini Column

「只有配件能有滿版印花」
是我的搭配守則

雖然喜愛PUCCI的印花圖案，但是有印花的衣服不太符合我的生活型態，所以我用印花手帕代替。

我最喜歡
印花洋裝了！
可是已經快40歲的我
穿起來好像會有點突兀⋯⋯

雖然我也很嚮往
簡約帥氣的打扮，
但是因為我比較怕冷，
穿鞋沒辦法不穿襪子⋯⋯

替換成短靴

參考服裝的配色
只有鞋子
用短靴替代

如果因為怕冷沒辦法不穿襪子就穿鞋，可以只仿效服裝的搭配方式，並試著將鞋子換成溫暖的靴子。這樣應該很接近心目中的風格。

Chapter 2

只要有基本款，少少的衣服也能穿出多樣變化

挑選自己能夠負擔的基本款

購買基本款，很容易在挑選諸如風衣等正式服裝時，心生「既然要買的話，就買可以穿10年的Burberry吧？」的念頭。雖然也是基本款，但若是一開始就購買高級品牌，平日可能派不上用場，或不易發展出造型。若擁有一件衣服，卻無法好好搭配，甚至不知該如何搭配，其實就像沒有那件衣服一樣。所以，還是把焦點放在目前能果斷作決定、平日實穿的衣服上吧。先將總有一天要身穿Burberry、擁抱Chanel的願望放在心裡，選擇自己能力範圍內的服裝。

因為搭配需要經過練習才能熟練。像是要理解「原來風衣要這樣穿才有型」、「無論洋裝或牛仔系列都很適合搭配包包」都需要經過反覆

With Minimal Wardrobe

Basic clothes are very excellent!
Because their design are simple, we can make various styles
with minimal of wardrobe.

練習。所以為了練習而投資的大衣或包包既不能說是浪費，也不能說是失敗。

況且，若是如果平常沒有練習，待需要正式上場時有辦法好好表現嗎？我想應該非常困難吧。因此，在目前能夠負擔的範圍內購買大衣和包包，學習如何讓自己變得更有型，是對自己很好的投資。想要購買基本款時，可以先從自己常去的店家，或從常穿的品牌挑選。而要如何判斷是否容易搭配，標準在於能不能跟現有的衣服組合出至少3種風格。如果在自己的模擬想像中沒辦法搭配出3種風格，即使買回家，應該也不會常穿。讓我們一起牢記這個標準，再為自己選購基本款服裝。另外，如果能夠每隔2、3年就檢視服裝是否需要「汰舊換新」，常保成人應有的儀容姿態，那就更棒了。

Shirt

左起：襯衫／Whim Gazette、UNIQLO、H&M

靈活穿搭一整年
超實穿基本款

四季皆宜又能完美詮釋俐落風和休閒風的襯衫，可說是每個人的衣櫥裡都一定要有的基本款式。例如常常會派上用場的白襯衫，只要準備好棉和亞麻2種材質，就能在夏天和冬天裡自由搭配，非常方便。粗斜紋棉襯衫可以像牛仔外套一樣披

在身上，是很好搭配的單品。至於彩色襯衫，我推薦淺藍色為必備顏色。它不但適合搭配白、黑、灰等基本色，也很適合搭配經典的牛仔系列。因為能在夏天帶給人清涼的感覺，所以能夠穿搭的時間也比較長。

能和各式各樣的
休閒款混搭
有型不費力

容易給人太老實、認真印象的
襯衫搭配休閒短裙X帆布鞋，大
大的提升了休閒感。結合圓領
套頭毛衣的多層次穿搭，讓整
體的視覺美感更為均衡。

襯衫／UNIQLO
針織衫／ISLAND KNIT WORKS
裙子／ViS
包包／Gap
鞋子／Converse

只要一件
就可以輕鬆打造出
俐落造型

襯衫最讓人佩服的地方，就是即
使單穿也能散發出帥氣。
只要小心控制領口打開的程度，
還有袖子的收捲方式等小細節，
就能讓自己看起來更加優雅。

襯衫／UNIQLO
褲子／ZARA
皮帶／Gap
包包／Bottega Veneta
鞋子／RUE DE LA POMPE
披肩／ZARA

在襯衫下擺
打上一個結
讓姿態看起來更俏麗

搭配垂墜長裙的時候，可以
在襯衫下擺打個結，減少襯
衫露出的體積讓姿態更迷
人。也可以搭配具夏日氣息
的配件，強調季節的氛圍。

襯衫／UNIQLO
U領背心／UNIQLO
裙子／Whim Gazette
包包／Kitica
鞋子／FABIO RUSCONI
項鍊／CHAN LUU
帽子／AURA

想學會如何收捲袖子
和調整領口，請速翻
第76頁！

Basic Item ❷

T-Shirt

它有一種神奇的魔力
無管多難搭配的款式，只要遇上T恤
就能立刻升級成經典造型

你知道嗎？在夏天一定會登場的T恤，其實也可以當作夾克或針織衫的內搭服，
是可以穿一整年，非常實用的單品。而挑選T恤的重點，就是要素面、沒有多餘的裝飾。雖然我對很多人沒有準備像這樣乾淨簡單的T恤感到很意外，不過要是能夠備齊白、黑、灰3種顏色，就可以讓搭配風格更加寬廣，變化出多到讓人吃驚的服裝組合。就像我有一位客戶，明明有一件非常好看的夾克，卻因為找不到合適的內搭服，所以已經很多年沒穿了……。不過，在補買了一件簡單的白色T恤以後，他長年的煩惱就這麼解決了。如果可以將「單穿」和「內搭」的T恤區分開來，會變得更方便喔。

上起：T恤／ELFORBR、bassike、BARNYARDSTORM

為充滿俐落感的
開襟毛衣
增添一抹率性

選擇白色的T恤作為內搭
服，讓清新俐落的開襟毛
衣多了份當代氣息。
請注意T恤的領口不宜太高
喔。

T恤／BARNYARDSTORM
針織衫／Be My Baby
褲子／ZARA
包包／Tila March
鞋子／RUE DE LA POMPE

盡情展現
具多種風貌的
白T魅力

也只有白T，才能順應各種服飾
和配件展現出多樣風貌。
像這個造型就是利用迷彩圖案的
披肩和緊身窄裙，和白T共同表
現出優雅休閒的風情。

T恤／BARNYARDSTORM
裙子／FOREVER21
包包／於跳蚤市場購得
鞋子／JIMMY CHOO
太陽眼鏡／VIKTOR & ROLF
披肩／於生活百貨商店購得

將開襟毛衣
披在肩上
增加穿搭的深度

這裡的搭配重點是，將開襟毛衣
當作飾品披在肩膀上，營造出整
體造型的深度。
遇到盛夏，冷氣房裡太冷時，還
可以兼具保暖功能。

T恤／BARNYARDSTORM
針織衫／ISLAND KNIT WORKS
褲子／BARNYARDSTORM
包包／H&M
鞋子／Converse

Basic Item ❸

Denim

左起：牛仔褲／ZARA、Lee、Gap、Gap

牛仔褲是媽媽們的必備單品
幾乎每天都會想穿

談到休閒風就會想到牛仔褲，所以大家肯定會想挑一件穿起來舒服，看起來又時髦的款式吧？我個人覺得Gap的牛仔褲在價格上非常實惠，材質多半也較柔軟，十分適合推薦給各位。只要準備好靛藍色和經過水洗加工的淺藍色牛仔褲，就可以依照需求恣意行走在春夏秋冬，非常方便。如

果能再多準備白色和灰色款的話會更完整。剪裁方面，以直筒剪裁的穿搭範圍最為廣泛，而且有一點需要特別注意，就是大腿的尺寸是否剛剛好。因為多餘的腰圍可以用皮帶調整，但只有貼合大腿的褲管才能讓雙腿線條看起來修長又美麗。

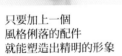

利用黃色側肩包
將平淡的居家風格改造成
適合出遊的裝扮

和帆布鞋相搭配的時候，仔細捲
起褲管，稍微露出腳踝能讓姿態
看起來更美麗。搭配黃色的側肩
包則能讓造型更加率性有型。

牛仔褲／Gap
上衣／無印良品
包包／CHARLES & KEITH
鞋子／Converse
項鍊／於生活百貨商店購得

只要加上一個
風格俐落的配件
就能塑造出精明的形象

極簡針織上衣X牛仔褲，只
要搭上包鞋和小手拿包等乾
脆俐落的配件，就能立刻塑
造出精明幹練的形象。

牛仔褲／Gap
針織衫／UNIQLO
包包／Shinzone
鞋子／RUE DE LA POMPE
項鍊／AneMone

休閒味十足的配件
將優雅牛仔風情
營造得恰到好處

雖然在穿上襯衫的瞬間，會
散發出一股稍微強烈的俐落
氣息，但在搭配草編包和楔
型涼鞋後，馬上增添了一抹
輕鬆，令人感覺優雅恬淡。

牛仔褲／Gap
襯衫／Whim Gazette
U領背心／UNIQLO
包包／Kitica
鞋子／FABIO RUSCONI
項鍊／於法國購得

Cropped Pants

九分褲

能同時將休閒及俐落
詮釋得恰到好處的九分褲

其實媽媽們常需要在工作場合或
家長會，展現自己認真有禮的一
面。這時候只要有一件能稍微遮
住腳踝的九分褲就可以搞定。搭
配時最常使用到的顏色是黑色，
另外還有白色和灰色。而要如何
穿得好看，其秘訣就在於褲型不
會過於貼合雙腿，帶點寬鬆但不
影響整體輪廓線。另外，比起具
有垂墜性、柔軟的布料，稍微硬
挺一點的材質才可以讓外型看起
來更俐落。最近因為流行把九分
褲和休閒鞋搭配在一起，營造出
自在隨意感的風潮正盛，讓九分
褲的應用範圍變得更廣，實在很
令人開心。

左起：九分褲／ZARA、Peserico、UNIQLO

只要改變一下
搭配的款式
就能立刻進階成正式裝扮

換上不同味道的上衣和鞋子，就
能轉變成正式裝扮的九分褲。
搭配柔軟的絲質上衣和高跟鞋，
立刻讓你散發出濃濃的女人味。

九分褲／ZARA
上衣／ZARA
包包／PLST
鞋子／Marc Jacobs
項鍊／於生活百貨商店購得

VARIATION
2
優雅休閒

即使穿著平底鞋
也能讓雙腿顯得修長
動人的魔力九分褲

黑色九分褲最讓人感到開心的，
就是擁有讓雙腿看起來修長美麗
的魔力，只要穿上它就能隨意地
穿上平底鞋。真的非常適合媽媽
們穿用。

九分褲／ZARA
上衣／MARNI
包包／Tila March
鞋子／Ferragamo

VARIATION
1
率性休閒

VARIATION
3
知性俐落

用白色平底涼鞋
結合正式與率性
夏日風情十足的黑色褲裝造型

適合和平底涼鞋搭配的褲長是九
分褲的一大魅力。
配上白色的鞋子，能讓整體散發
出正式、率性又輕鬆的氣氛。
這樣一來，即使在夏天穿著黑色
的褲子也不會讓人覺得沈悶。

九分褲／ZARA
上衣／MOUSSY
U領背心／UNIQLO
包包／Fatima Morocco
鞋子／CHARLES & KEITH
項鍊／於跳蚤市場購得

Knit

能完美搭配各式下身服裝的 基本款針織衫 讓人忍不住想要多擁有幾件

無論時尚潮流如何改變，只有作為永恆必備款的基本針織衫能一直陪著我們。雖然同時擁有圓領和V領會更方便，不過如果不知道該選擇哪一款來做搭配的話，我會建議選擇圓領的款式。只要運用多層次穿法和襯衫等單品就能搭配出多種風貌。再者，因為細針針織衫可以當作外套裡的內搭服，所以比粗針針織衫更加實用。還有，穿著針織衫可不只是冬天的專利，準備幾件適合在春夏時穿著的輕薄短袖針織衫，就可以在只穿一件T恤顯得不夠正式的場合，發揮絕佳妙用。

上起：針織衫／ISLAND KNIT WORKS、UNIQLO、UNIQLO

瀟灑地穿上單件
可以取代T恤的
清爽造型

適合在初春時分代替T恤，和短
褲打造出討喜氣氛的輕薄針織
衫。點綴夏日配件可以為簡單的
針織衫添上更豐富的表情。

針織衫／UNIQLO
褲子／Gap
包包／於生活百貨商店購得
鞋子／FABIO RUSCONI
項鍊／於法國購得
綠松石手鍊／DRESSTERIOR

VARIATION
3
知性俐落

VARIATION
2
優雅休閒

活用襯衫和
多層次穿法
讓整體造型更顯俐落

將白襯衫作為內搭服，以多層次穿搭
營造出整潔幹練的形象。
因為V領衫會比圓領衫給人更強烈的
感覺，所以別忘了用捲袖子等小技巧
將整體調整得柔和一些。

針織衫／UNIQLO
襯衫／Bagutta
褲子／Gap
包包／H&M
鞋子／Ferragamo

搭配裙裝，下擺內收
展現針織衫
收放皆宜的魅力

如果是細針質地，將下擺收
進裙裝或褲裝裡還能散發出
另一種風情。
活用蓬鬆的裙身，就能讓整
體的視覺效果更佳。

針織衫／UNIQLO
裙子／ZARA
包包／no brand
鞋子／RUE DE LA POMPE
項鍊／於生活百貨商店購得
帽子／AURA

Border Shirt

左起：橫條紋上衣（cut-and-sew）／UNIQLO、無印良品、H&M

率性休閒的代名詞
就像是「素面」般融入造型當中的橫條紋

就像是素面一般非常實穿，完全融入造型當中的橫條紋。既能成為穿搭焦點，又不受季節限制的特色，讓人不管在夏天、冬天都想穿。

尤其棉質上衣可以連穿三季，準備幾件條色和條距不同的單品將會很有幫助。如果不太喜歡橫條紋或是覺得太過休閒，也可以選擇上圖中央，在肩膀局部為素面的款式，這樣會比較容易接受。

在條紋的寬度方面，我建議剛開始接觸的人選擇粗細適中的款式，並且避免綴有蕾絲等裝飾，力求設計簡潔。

Basic Item ❼

Tank Top

左起：U領背心／Gap、UNIQLO、UNIQLO

應該好好地感受每個細節
穿搭世界的最佳綠葉——U領背心

U領背心總是隱身在後，是稱職的最佳配角。只要有白色和灰色2個顏色就幾乎可以和所有的款式搭配。這裡有個重點，就是白色背心需要特別準備2種款式，一種是顯得俐落的單面布款，另一種是帶有休閒氣息的羅紋布款。如果和外套搭配，羅紋U領背心會顯得太過休閒而無法融入；

但是若是和T恤搭配，單面U領背心從外面看來又有襯衣之嫌……所以，隨著主角調整適合的U領背心非常重要。我建議大家選擇衣長能遮住褲耳、細肩帶以及深U字領的款式。例如UNIQLO和Gap不僅價格親民，剪裁也很美麗出眾。

挑選衣服該以什麼樣的條件為標準？

1
符合目前
生活型態

3
重要的必備款
挑選可靠品牌

2
仔細挑選
平價服裝

說到挑選衣服的標準，我一直都很注意之處在於「是否適合自己目前的生活型態」。還有，就是仔細思考「自己會不會經常穿」。對購物金額「是否超過自己的能力範圍」、「看起來會不會太像平價成衣」、「是否符合自己的年齡」方面也很注意。其次就是平價產品看起來會不會過於廉價。因為平價產品看起來的布料容易給人少了點質感的錯覺，我會盡量避免選購；我會選擇布料手感較為硬挺，車縫仔細的產品。而像風衣、長筒靴等比較重要的必備單品，我會用「至少能穿5年」的角度，選擇價格稍高、品質較為優良的產品。我想能夠輕易區分出「品質較好、需要小小投資的產品」和「消耗品」，也是以少量的衣服享受時尚的祕訣。

準備好在夏季、冬季穿用的基本款

將自己喜歡又常穿的衣服分成春夏、秋冬用,才能不受季節約束,想穿就穿。比方說,喜歡在夏天穿橫條紋T恤的人,不要把它當成是夏天的專用服。想要整年都維持適合自己的裝扮,只要準備冬天用的橫條紋針織衫就能搞定。常穿適合自己的衣服,也是一個不需要準備太多款式就能擁有多變造型的秘訣。像我會準備好橫條紋上衣和白色褲子、牛仔褲、披肩,還有很適合我的米色針織衫等心儀的單品。而像這樣可以不受季節限制,隨時穿著自己喜歡的衣服,也會讓自己天天都有好心情。

色彩強烈的披肩

我準備了在夏天使用的麻或亞麻,和在冬天使用的羊毛或喀什米爾羊毛披肩。顏色則是我會運用在造型裡,讓整體看起來更亮眼的常用色。

米色的針織衫

因為米色很適合我,而且米色的針織衫也很容易取得,所以我準備了兩種。一種是在春夏穿的棉針織衫,另外一種是可以在秋冬時穿著的喀什米爾羊毛針織衫。

白色長褲

全年必備的白色長褲,我準備了棉質和燈芯絨兩種材質。一條俐落,一條休閒,在需要轉換風格時非常方便。

橫條紋上衣

如果很喜歡橫條紋而且常常穿的話,建議各位可以準備在夏天穿的短袖T恤,還有在冬天穿的長袖上衣和針織衫共三種款式。

設計簡單的衣物
就靠飾品畫龍點睛

依照*TPO在簡約基本的款式上
點綴各種飾品，可以提升穿搭的層次，
賦予衣著更豐富的表情。

譯註：TPO是日式英語，由Time（時間）、Place（地點）、Occasion（場合）的第一個字母組成。

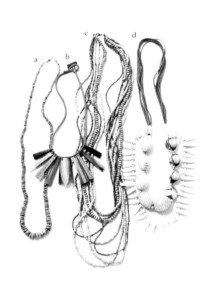

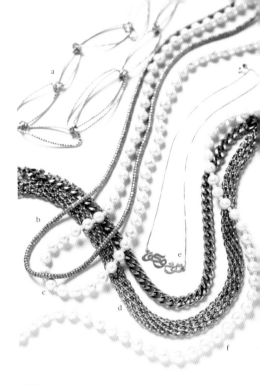

多元素混合項鍊

常在夏天的街頭出現的多元素混合項鍊。是
以綠松石、木材、貝殼等為基調設計的飾
品，能讓單調的上衣看起來更華麗精彩。

a_CHAN LUU b_GALLARDAGALANTE
c_於生活百貨商店購得 d_於法國購得

項鍊

可說是必備品的金色及珍珠項鍊能讓休閒風格的服裝感
覺更高雅，不管和哪一種造型都能配合得天衣無縫。準
備時可以錯開造型和粗細，以方便日常搭配。

a_TOMORROWLAND b_於生活百貨商店購得
c_AneMone d_H&M e_於中東購得 f_AneMone

耳環

只要戴上合乎穿搭風格的大型耳環，就能在
穿著極簡的衣裝時營造出優雅的氣息。

a_Aujourd'hui b_CORALIA LEETS
c_Barneys New York d_JUICY ROCK
e_Aujourd'hui f_ZARA

手環

我推薦適合重疊佩戴的細編繩、蝴蝶結和串珠手鍊。即
使孩子還小的媽媽也可以放心地佩戴。

a_DRESSTERIOR b_於生活百貨商店購得 c_KBF
d_貴和製作所 e~h_皆為JUICY ROCK

利用飾品營造率性風格的 8 條規則

我認為搭配飾品有一定的規則。
只要注意遵守這些規則，即使是忙碌時
也能讓自己看起來像精心打扮過般時髦亮麗。

2 長項鍊盡量
垂落在上腹部

過長不只會讓上半身看起來變長，四處
晃動也會妨礙活動。只有在長度剛好、
垂落在上腹部的奢華細鍊能夠為造型加
分。它還有一個很棒的地方，就是能修
飾某些有膨脹效果的上衣，讓身形看起
來較為纖細。

1 佩戴多條細手環

如果只戴一條細手環會顯得有點單調，但是同時佩
戴3條顏色相襯的手環，就能將手部裝飾得華麗精
彩。在手部利用多層次搭配完成另一個小造型，讓
品味從小地方開始。

4 飾品要能融入服裝風格

想要讓柔和色調的衣服看起來時髦有型，其中一
個簡單的秘訣，就是要搭配同色調的飾品。要將
全體統一成同一色調時，只要用含石頭等發亮物
的飾品形成焦點，就不會讓造型顯得單調乏味。

3 大圓圈耳環
一定要有金、銀2色

簡單、搭配範圍廣泛，讓大圓圈耳環成為必備飾品清
單裡的一員。不論是能襯托膚色的金，還是在夏天或
和灰色系衣服搭配時，給人沉著、涼爽又可愛感覺的
銀。百搭的2色非常實用。

5 珍珠×珍珠會顯得太過正式

珍珠X珍珠的搭配方式，很容易讓人聯想到婚喪喜慶等正式場合。所以我們可以用簡單的大圓圈耳環或金色項鍊和珍珠飾品組合，和其中一項搭配的珍珠，可以更成功地營造出率性的感覺。

6 和手錶搭配時，要選用細手環

在手錶前面戴上2條細手環創造出層次感，讓手腕從「只是戴著手錶」增加更多自在隨意。為了突顯作為主角的手錶，記得選擇設計精緻的手環會比較適合。

7 佩戴珠寶飾品時，其他配飾應保持低調

在佩戴飾品時，判斷要「多一個、少一個」非常重要。因為珠寶飾品本身非常顯眼，因此其他的飾品不要過於複雜，才能達到視覺上的均衡。

8 使用飾品點綴色彩

不容易直接運用進造型的顏色，就用小小的配件挑戰。這時候就可以把很喜歡但是無法用服裝展現的顏色加入穿搭，提升自我的滿足感。也可以在夏日總是顯得寂寞的手部，以配飾展現小小的玩心。

披肩讓同一件衣服展現出多樣風貌

披肩能為基本款添加豐富的色彩。
可以作為夏天穿搭的重點配色，
或在換季時一窺下季的趨勢……
還可以展現一件衣服的多樣風貌，
輕輕鬆鬆地改變形象，
建議大家多收集幾條和個人品味一致的披肩。

Stole Catalog 披肩種類

02 強烈色披肩

春天用柔和的粉紅，夏天用鮮豔的藍。在享受當季氛圍的同時，也能夠搭配出應季的風格，就是強烈色披肩的迷人之處。粉紅披肩是在生活百貨商店找到的，天藍披肩來自ZARA。

01 和諧色披肩

利用和諧色勾勒基本款，引導出整體造型的深度。因為我的衣服多半是米色系，所以我大多選擇ZARA的米色～棕色為我的和諧色披肩。

04 豹紋披肩

我多半會在需要展現出帥氣形象的造型上，纏繞容易成為視覺焦點的ZARA豹紋披肩。如果覺得豹紋衣服不適合自己的話，改用面積小的披肩比較沒有負擔，容易嘗試。

03 格紋披肩

搭配休閒風造型時不可缺少的ZARA格紋披肩。利用大披肩一圈一圈地纏繞出讓人憐愛的蓬鬆感。綠X深藍的沈穩色調，讓成熟的大人也能放心嘗試。

06 和諧色皮草

想要在由秋入冬的過渡時期領先潮流，別忘了多加運用皮草披肩。色調柔和，很適合和休閒風一起搭配。大型米色披肩來自ZARA，咖啡色披肩來自FREE's MART。

05 針織環狀圍巾

針織環狀圍巾的魅力，在於隨意套上，立刻展現時髦感。只要在秋末冬初和服裝搭配，就能率先穿出冬季氛圍，散發出可愛的感覺。圖片為BCBGMAXAZRIA的產品。

依照功能‧設計‧價格
找出最符合你目前需求的包款

選擇包包要注重功能+設計+價格三方面的均衡，
才會找到「最適合目前」使用的包包。

Bag Catalog 包包種類

上班日、媽媽友人見面日、獨處的日子、和孩子在一起的日子……根據 TPO 變換包包的大小和設計

01 | Work bag 工作提包

工作用包款一定要是堅固、能放進A4紙張的大容量款式。合成皮也沒關係，外觀整齊俐落最佳。

A_我個人很喜愛，有著高級質感的ZARA堅固手提包。B_即使背的東西很重也不會變形的TILA MARCH托特包。C_體積雖大，但是成功利用白色營造正式帶點率性氛圍的PLST合成皮包款。

03 | Shoulder bag 斜背包

能夠斜著背，平常也能輕鬆使用的斜背包可說是媽媽的必備包款。選擇平價品牌就不會為心理造成負擔。

F_在ZARA找到的斜背包，上面有我喜愛的鉚釘裝飾出成熟的氛圍，我很喜歡。G_在H&M買到的包包。帶點咖啡色調的灰色很好搭配，使用起來也很方便，我非常愛惜

02 | Mini shoulder bag 迷你單肩包

在參加派對或出遊等有些特別的日子裡，很適合攜帶這種細鍊包款。

D_ Henri Bendel的細鍊肩包，是去紐約時買的紀念品。因為細鍊的長度很容易調整，使用起來非常方便。E_ PRADA這款包包結合了我最愛的駝色和流蘇，深得我心。

04 | Tote bag 托特包

陪孩子一起出門去公園等地玩耍時，需要攜帶即使弄髒也不會心疼的帆布托特包。我就預備了好幾個。

H_亮橘色肩帶讓整體看起來更時髦。於Gap購得。
I_ Flying Tiger Copenhagen托特包的翹鬍子圖案十分可愛。
J_L.L.Bean是休閒時的必備品。

05 | Basket bag 草藤編織包

夏天街頭隨處可見的草藤編織包。可以選擇有點特色又很容易搭配服裝的款式。

K_於Kitica購得。能讓穿搭感覺更活潑。L_於生活百貨店購得。適合搭配灰色漸層服裝的雙色設計。
M_ Fatima Morocco的包包有皮質把手，冬天也能繼續使用。

春夏篇
Spring & Summer

10 用設計簡單的款式+配件完成 天份的造型

只要準備7件基本款+8樣配件
就可以完成10天份的造型。現在就快拿起手邊類似的衣服一起試試看！

這裡是經過嚴格挑選，春夏必備的 7 大基本款！

上衣
4件

4

3

2

1

4 深藍色薄針織衫

只要有一件基本色夏季針織
衫，就再也不怕冷氣過冷，讓
身體保持在感覺舒適的溫度。

ISLAND KNIT WORKS

3 淺藍色襯衫

彩色襯衫當中，最容易搭配的
顏色就屬淺藍色。為單調色彩
增添一抹清涼。

Whim Gazette

2 橫條紋上衣

在以素面基本款為主的造型中
加一件橫條紋上衣，悄悄地為
造型增添些許特色。

H&M

1 白T恤

春天不可缺少的基本款白T
恤。單穿有型，也適合作為內
搭服。

BARNYARDSTORM

7

6

5

7 及膝裙

春夏若能有一條簡約的裙裝，會在
穿搭時更方便。如果是*魚鱗布材質
更能展現恰到好處的輕鬆休閒感。

ViS

6 白色長褲

準備一條俐落又休閒白長褲，
會在穿搭時更得心應手。選擇
貼身褲型最佳。

UNIQLO

5 淺藍色牛仔褲

夏天我推薦大家選擇淺藍色牛仔
褲。當紅的直筒褲型讓身形看
起來更修長，實用好搭。

Gap

下身
3條

譯註：魚鱗布（FRENCH TERRY）：也稱毛圈布、毛巾布、衛衣布。針織布料的一種，背後成連續紗圈狀，多用在休閒服。

披肩
2條

ⓑ 白色披肩

輕輕地將白色披肩纏繞上脖子，立即就讓造型顯得整潔、正式卻又不過於拘謹。

無印良品

ⓐ 粉紅披肩

柔軟的粉紅披肩能讓整體色彩看起來更柔和，非常適合搭配春夏服裝。

BEAMS

包包
3個

ⓔ 草藤編織包

春夏必備包款。光提在手上就能令人感受到夏天的氣息，讓整體造型感覺更高雅。

Kitica

ⓓ 白色提包

白色的人造皮革材質，讓人使用時不怕弄髒。春夏只要有白色包包，幾乎和所有的服飾都能搭配。

PLST

ⓒ 米色提包

春夏時使用色彩明亮的工作用包包，即使尺寸比較大，也不會給人沈重的感覺。

Tila March

鞋3雙

ⓗ 白色帆布鞋

如果只打算先準備一雙白布鞋，我認為Converse的白色低筒帆布鞋是最實用的選擇。

Converse

ⓖ 米色包鞋

基本款包鞋很適合在工作和親師座談會等正式場合穿著，是可以預先備用的單品。

DIANA

ⓕ 白色涼鞋

只要穿上白色的鞋子，就能讓春夏穿搭更顯雅緻。這款是穿起讓人感到舒適的平底款式。

CHARLES & KEITH

Day
1

造型的重點是要將披肩製造
出蓬鬆感,再輕輕纏繞於頸部!

④ + **5** + ⓑ + ⓒ + ⓖ

準備去客戶家
提供服裝規劃建議時

我在工作的時候,會將身上的牛
仔服裝搭配成俐落俏麗的風格。
再配上米色包鞋和米色包款塑造
出認真的形象。在深色針織衫上
裝飾白色披肩能讓整體看起來更
明亮。

Day
2

② + **7** + ⓑ + ⓔ + ⓕ

和同為媽媽的朋友
相約到熱門咖啡店聊天

說到橫條紋圓領衫×休閒服這
種組合,可能會讓人覺得太
輕鬆,但如果搭配的是休閒
款貼身裙的話,就是一套可
以外出的裝扮。結合散發夏
季風情的配件,早一步感受
夏天的氣氛。

48

3

3 + 4 + **6** + ⓓ + ⓖ

出席
服裝規劃課

參加講座的時候，適合用
襯衫×白色褲子讓自己看
起來認真有朝氣。因為整
體是以淡色系為主，在肩
膀披上深藍色的針織衫可
以多一點穩重的感覺。

穿平底鞋時一定要捲起褲管，
整體看來會更均衡

Day

5

3 + 4 + **7** + ⓓ + ⓗ

到書店
搜集講習用的資料

深藍針織衫×休閒風的裙子×帆布鞋，是最能展現出
自在穿搭風格的組合。將襯衫固定在腰部，就能夠
使整體造型更吸睛。

1 + 2 + **5** + ⓓ + ⓕ

Day

4

急急忙忙準備接女兒回家
輕鬆的裝扮是最好的選擇

準備去才藝班接女兒回家的時候，能讓人放鬆的T
恤和牛仔褲是我的第一選擇。將橫條紋上衣披在肩
膀，穿上平底涼鞋不著痕跡地營造出時尚感，提升
穿搭熟練度。

露出U領背心
的肩帶

Day
6

2 + 6 + ⓓ + ⓕ

在工作空檔，
和朋友相約來個午餐約會

將手邊的橫條紋上衣和
白色長褲搭在一起，就
可以營造出活潑又時髦
的形象。
戴上土耳其石材質的飾
品，就會散發出夏天的
感覺。

Day
7

1 + 3 + 5 + ⓒ + ⓖ

俐落休閒的裝扮
適合去公司開會

開會日的穿搭需要在「容
易活動」和「不失莊重」
當中取得平衡。
藍色襯衫搭配牛仔褲，
「統一色調」會帶給別人
搭配技巧嫻熟的印象。
露出白色T恤的下擺可以
為造型增添一些輕鬆的味
道。

Day
8

1 + 7 + ⓐ + ⓔ + ⓗ

假日
和女兒去公園

休假時我經常帶女兒去
公園遊玩。即使穿著輕
鬆，也會圍上一條淺色
的大披肩，再戴上防曬
用的太陽眼鏡就能看起
來很有型。

9

2 + 4 + **6** + ⓔ + ⓗ

充實知識
也是工作的一部分

在肩膀披上橫條紋上衣，為簡約
的深藍針織衫和白色牛仔褲增加
視覺亮點。
只要一點簡單的巧思，就能看起
來更時髦。

\ 以金色配件
為整體造型增添韻味 /

3 + 4 + **7** + ⓒ + ⓖ

Day
10

參加國小的
親師座談會

利用襯衫和窄裙塑造出認真的形象。為了
不要有過度拘謹的感覺，可以選擇魚鱗布
材質的裙子多點自在的味道。將深藍色針
織衫綁在腰間會讓身材曲線更好看。

秋冬篇
Autumn & Winter

10 用設計簡單的款式＋配件完成 天份的造型

雖然冬天便用到的單品數量一定會比春夏時更多，
但是在這裡我還是利用和春夏篇相同的件數（外套2件）為各位組合出10天份的造型。

這裡是經過嚴格挑選，秋冬必備的 9 大基本款！

上衣
4件

4

④ 連帽外套

如果能有一件適合和襯衫及針織衫
做多層次穿搭的運動連帽外套，搭
配時應該會覺得如獲至寶。

無印良品

3

③ 灰色圓領針織衫

實用性高的灰色圓領針織衫也
是秋冬的必備款式之一。

SCAGLIONE

2

② 橫條紋上衣

橫條紋上衣無疑是全年實穿的必備
款。秋冬只要將配色對調，就能給
人不同印象，每個人該擁有一件。

無印良品

1

① 格子襯衫

格子襯衫也可以穿在裡面作內搭
服，小露格紋在外點綴。是很適合
在冬天穿著的重要款式。

H&M

外套
2件

9

⑨ 短版羽毛外套

非常適合和裙子、褲子
搭配的短版羽毛外套也
是冬天的必備款式。

DUVETICA

8

⑧ 風衣

風衣是秋天最常出現的外
套。若買到附可拆式鋪棉
背心的款式，就可以一直
穿到冬天，非常方便。

Barneys New York

7

⑦ 黑色短裙

準備一條長度及膝的裙
子，可以變換搭配風格更
多變。黑色基本款最適
合在秋冬時穿搭。

DES PRÉS

6

⑥ 白色牛仔褲

能讓造型顯得正式又不拘
謹的白色長褲，無論什麼
季節都一定要擁有它。選
擇貼身褲型比較實穿。

Lee

5

下身
3條

⑤ 九分褲

如果在秋冬有一條深色
的九分褲會非常實用。
這次準備的是黑色。

ZARA

圍巾
2條

+
配件 **8** 樣

ⓑ 針織圍巾

和秋冬休閒風格融為一體的，就是
針織圍巾。整體的感覺會隨著圍巾
圍法不同而呈現不一樣的味道。

FOREVER 21

ⓐ 格子披肩

大型的格紋披肩。只要輕輕一
繞就能讓整體造型看起來更有
層次，是常用的配件。

ZARA

包包
3個

ⓔ L.L.Bean的托特包

去公園，或是配孩子外出時，
一定要帶著髒了也不心疼的帆
布托特包。

L.L.Bean

ⓓ 黑色斜背包

即使是最基本的黑色，以鉚釘
勾勒出線條的手法讓人感受到
它的吸引力。

ZARA

ⓒ 深咖啡色包包

工作時會覺得很好用的包款。
深色調比較適合搭配秋冬的衣
物，我覺得很棒。

ZARA

鞋3雙

ⓗ 白色帆布鞋

在準備秋冬用的休閒鞋時，白
色低筒帆布鞋依然是最佳選
擇。

Converse

ⓖ 咖啡色長靴

低跟的必備款咖啡色長靴，要記得
選擇基本色。因為我的衣服大多屬
於米色系，所以選擇咖啡色。

SARTORE

ⓕ 黑色平底鞋

準備一雙適合和褲襪搭配的黑
色平底鞋，在秋冬會很實用。

REVE D'UN JOUR

1

③+⑤+⑧+ⓐ+ⓒ+ⓖ

為了幫客戶
做服飾規劃,
拜訪客戶府上

秋天可以利用風衣塑造出專業的工作形象。另外戴上人造寶石項鍊、披上格子披肩,會讓整體造型看起來更高貴。

2

②+④+⑥+⑨+ⓔ+ⓖ

在很冷的日子裡去公園,
就是要穿羽毛外套禦寒

在寒冷的日子去公園遊玩,就要穿上羽毛外套禦寒。套上靴子也會讓雙腳感受到溫暖。在短版的羽毛外套下方綁上一件連帽外套,會讓造型更有深度,感覺更時髦。

用襯衫作多層次搭配的時候,記得要露出領子、袖子和下擺三個地方!

3

①+③+⑤+ⓒ+ⓗ

今天也要出門
為客戶提供建議

穿上格子襯衫後,再套上一件圓領針織衫,微微露出領子和下擺就能讓人感受到純熟的搭配技巧。如果下半身搭配九分褲,穿上帆布鞋也不會看起來太率性。完美掌握了整體的均衡,適合在工作日穿著。

2 + 4 + **7** + **8** + ⓓ + ⓕ

陪同客戶購物時，
我會選擇正式不拘謹的多層次穿法

陪同客戶購物時，善用多層次
穿法就能加強率性時尚的感
覺，因此我在橫條紋上衣外面
套上一件連帽外套，接著在最
外面披上風衣。雖然都是設計
簡樸的單品，互相搭配後就能
展現出高雅的形象。

大披肩也可以取代外衣，
披在肩膀上禦寒

3 + **6** + ⓐ + ⓒ + ⓖ

和同為媽媽的友人，
相約在人氣餐廳用餐

和同為媽媽的友人一起去人氣餐廳聚
會。在這種有約會的日子裡，可以穿上
米色針織衫X白色牛仔褲，打造出俐落
休閒風。配件也統一用咖啡色系的物
品。但是如果只有這樣會顯得有點單
調，所以可以另外披上披肩做點綴。

Day

6

1 + 7 + 9 + e + h

好好享受久違的
逛街樂趣

冬天利用黑色做造型的
頻率會變高。為了不讓
整體的氣氛太沈悶，可
以加入紅色格子襯衫調
和。配件統一選擇白色
系的物品，會讓穿搭看
起來更清爽。

Day

7

2 + 5 + b + d + f

到一直很感興趣的
麵包店採買

只是前往住家附近的地點
時，簡單搭配橫條紋上衣
X黑色褲子，就能讓人覺
得舒服愉快。選擇和鞋子
顏色相同的包包，再圍上
針織圍巾就是典型的冬季
打扮。

在立著的領子下面掛上針織衫，
小心不要讓領子塌下來！

Day

8

1 + 3 + 6 + e + h

和孩子出門時，
輕鬆中不忘帶點華麗

讓格子襯衫做主角就可以
從愜意裡流露出一些華麗
感。看似隨意地把米色針
織衫綁在肩上，讓穿搭不
僅只是上衣+長褲那般乏
味。

Day
9

4 + 2 + **7** + ⓓ + ⓕ

工作的空檔
到喜歡的咖啡店喘口氣

跑到一直想去，位於原宿的咖啡店「niko…and…TOKYO」。穿著讓人覺得輕鬆的外出服連帽外套×裙子，也不忘把橫條紋上衣繫在腰間，提升整體的流行感。

穿針織衫的時候，捲起袖子
會看起來更時髦喔！

Day
10

3 + 1 + **5** + ⓔ + ⓕ

今天是小學的家長活動日

參加家長活動的時候，得小心不要穿得太過輕便。在看起來俐落的針織衫和長褲的造型上，披上一件格子襯衫在肩膀，會顯得更有自己的味道。

「想要時時改變風格，就不要只穿同一件大衣」是我的個人原則

雖然我很用心讓衣櫥內的服裝保持著單純的狀態，但是惟有大衣，我讓它有特別待遇。因為我很愛漂亮，所以當我發現不管如何精心打扮，只要穿上外套，整個冬天看起來就像只有一個模樣時，便覺得很失望。但是，我很樂於今天穿的是黑色外套，隔天換成粉紅大衣，再來換穿風衣，可以不停更換外套所帶來的滿足感。這就是我有點特別的個人原則（笑）。

穿上適合我的
蜜桃粉色外套

我對蜜桃粉色top shop大衣一見鍾情，每當我穿上它，都會受到眾人讚賞。之所以能駕馭如此鮮明的顏色，是因為我透過顏色診斷了解了適合自己的顏色，也才敢大面積的運用在服裝上。另外，適合自己的顏色，穿起來也會比較自在。

它滿足了我設下的5個條件
這件風衣很適合現在的我

在思考過目前我所需要的風衣應該具備的條件後，我花了三年找到一件能滿足下列5個條件的產品。①能夠在工作時穿著、②參加和女兒有關的正式場合也可以穿著、③長度差不多及膝、④是很適合我的米色，不要灰米色、⑤價格在3～5萬日圓左右。我以這些條件為標準不停尋找，終於在Barneys的特賣會上，找到符合我所有條件的風衣。毛領和鋪棉背心皆為可拆式的設計，使用起來很方便。也因為這是永恆必備款，我希望再過幾年可以穿上夢想中品牌的風衣……一邊這麼想著的我，也已經開始收集這方面的資訊。

如何挑選大衣？

若要買大衣，當然要買好一點的──我們總會陷入這般迷思。雖然我十分了解您的心情，但若是立刻購買高級品牌的風衣，很容易因為「捨不得穿」糟蹋了一件好衣服。切記別用價錢來抉擇，而是自己覺得「穿起來舒服」才會真正的自在。立刻開始尋找現在的你能夠毫不遲疑、每天穿用的大衣吧。

時髦的
黑色大衣，
短版容易
取得視覺均衡

我在Barneys New York買
到的黑色大衣。因為不希
望衣服穿起來感覺太重，
所以我選擇了短版的款
式。即使是以休閒風為主
做搭配，也能讓整體看起
來更俐落。

在寒冷的日子裡，
也能夠暖暖地
享受自信俐落

因為毛皮大衣擁有十分
保暖又比羽毛外套看起
來更精明幹練的特性，
在深冬時很受大家歡
迎。為了讓視覺上不覺
得沈重，可以挑選灰白
色，這是我在NATURAL
BEAUTY BASIC購得的
大衣。

從春天穿到初夏，
能夠代替
風衣的簡便外衣

在5月～6月這段時期，能
夠代替風衣穿用的
UNIQLO外套。因為我已
經擁有一件米色的風衣，
這一件我選擇了深藍色。

經常在季節交替時期
出現的皮衣，
購買時最好挑選
剪裁簡單的款式

ADAM ET ROPÉ的皮
衣，是很適合在初春和秋
天換季時穿著的外套，因
為剪裁俐落簡單，會讓造
型散發出成熟韻味。

如果能依照場合果斷地
選擇適合的衣服，就能快速
建立起在時尚方面的自信心！

\ 時髦小秘密1 /

fashion secret

1

事先將配件
組合成套

事先依照常遇到的TPO將配件組合
成套，這樣即使沒有時間構思穿搭也
不用慌張，只要和配好的服裝一起穿
上就能搞定。將配件組合成套在服裝
規劃裡是一個基本的方法，也是能省
時完成穿搭的一大關鍵。

基本休閒套組

帆布材質的托特包×帆布鞋，是想要穿出休閒感時首先
要準備好的組合。利用格紋披肩點綴，讓造型看起來更
豐富生動。

公園套組

陪孩子去公園玩耍時，別忘了帶能預防曬
傷的太陽眼鏡和帽子。VANS的休閒鞋和
Phillip Lim的托特包，完美的搭配出濃濃
休閒味。

夏天的休閒套組

我詢問了幾位同為服裝規劃師的友人，意外發現許多
人都沒有草藤編織包。草藤編織包可說是夏天的代表
包款，只要準備一個就可以和任一件衣服搭配組合。
再配上好穿的楔型涼鞋，輕便又美麗。

駝色套組

我一直認為利用顏色為俐落套組做區分，能讓搭配變得更方便。我是將自己喜愛、風格類似的駝色配件歸為一類，並且常在秋季拿出來使用。

黑色套組

在基本色彩中必備的黑色，是一定要準備的組合並建議選擇適合各種造型的實用設計。包包品牌為Bottega Veneta、包鞋品牌為Marc Jacobs。

咖啡色套組

因為黑色和咖啡色都是基本必備色，所以讓人想要各準備一組。但若是為了追求方便，把經常使用的那個顏色訂為工作用色，就會減少很多煩惱。由於咖啡色的色調無法完全一致，所以只要挑選能夠互相融合的色調就可以了。

Fashion secret

2

利用配件搶先感受季節氣氛，會讓穿搭變得更好玩有趣！

我很喜歡在換季的時候，搶先利用顏色和材質營造出下一個季節的氣氛。這是因為當我身穿能感受到季節變換的服飾，心情就會變得很雀躍、開朗。

Spring Color

當身處在儘管被稱為春天，
卻仍然感受得到寒冷的三月天，
身上帶著粉紅或豔黃之類有著明亮色彩，
蝴蝶結或棉質的配件，
就可以早一步品味春天的氣息，
擁有開朗好心情。

Autumn Color

揭開冬天時尚序幕的，
是還尚未完全變冷的秋季時分。
利用羊毛或毛皮的配件
搭配薄薄的針織衫，
就可以在還沒穿著隆冬衣物的時候，
想像即將到來的寒冷。

scene 1.

回公婆家的服裝

輕鬆的同時
還能保持美麗

時髦小秘密3

fashion secret

3

提前搭配
在不同情境下
穿著的服裝

有空時可以先將回公婆家、下雨天和
Party等特殊場合時需要用到的服裝搭配好，
然後記錄下來，這樣就能讓未來的自己更輕鬆。

point_1

經過特殊加工，
不怕皺摺的西裝外套

如果穿的是經過皺摺處理過
的外套，就不用擔心衣服會
因為走動變得滿是摺痕。

point_2

不容易變皺具
輕薄的針織外套

不容易變皺，摺疊後體積
就會變小的針織外套是出
外旅行的最好良伴。

返鄉日
要選擇看起來端正，
又容易活動的服裝

要選擇在搭高鐵等交通工具時能
夠放鬆，也能在公婆心裡留下良
好印象的打扮。冬天可以把西裝
外套換成輕巧一點的外套。

西裝外套／Deuxieme Classe
上衣／UNIQLO
T恤／BARNYARDSTORM
褲子／ZARA
包包／Henri Bendel
鞋子／REVE D'UN JOUR

point_3

好走的
平底鞋

平底鞋不會像運動鞋讓人
覺得過於休閒，很適合在
回父母家的時候穿。

64

在公婆家
陪孩子去公園的
輕鬆時刻

暫時住在公婆家時,只要有孩子的話免不了一定會去公園。帶著帆布的托特包一起出門,不會綁手綁腳的非常方便。

上衣／無印良品
褲子／ZARA
包包／L.L.Bean
鞋子／REVE D'UN JOUR
披肩／無印良品

point_4

用披肩
代替飾品

因為沒辦法帶太多飾品,這時可以利用披肩讓造型更亮麗。散發出既休閒又時髦的感覺。

point_5

折一折
就變小的裙子

摺起來就像隨身包面紙一樣小的裙子。不容易變皺的特性,最適合陪公婆外出時穿著。在平價服飾店就找得到。

和公婆及家人
相聚用餐

參加聚會的時候,最好依照TPO,事先評估適不適合亮麗風格的服裝。這時候準備一條能夠折疊縮小、又具有垂墜特性的裙子搭配起來會最方便。

上衣／UNIQLO
西裝外套／Deuxieme Classe
裙子／Barneys New York
包包／Henri Bendel
鞋子／REVE D'UN JOUR
太陽眼鏡／VIKTOR & ROLF

下大雨的日子

穿上雨靴，
以風衣代替雨衣對抗大雨

選擇不怕雨淋的尼龍材質包包及外套。
AIGLE雨靴纖細的鞋筒設計，能夠展現
雙腿美麗的線條。

外套／UNIQLO
上衣／H&M
褲子／FLORENT
包包／Danke
鞋子／AIGLE

下小雨的日子

下小雨的時候，
就可以輕鬆的
套上橡膠平底娃娃鞋

下小雨時，最適合穿著橡膠材質
的平底娃娃鞋。可以選擇黃色讓
自己有個開朗的心情。

上衣／Bagutta
裙子／ZARA
包包／TILA MARCH
鞋子／FABIO RUSCONI
項鍊／於生活百貨商店購得

各種派對

穿上跟平時氣氛稍微不一樣的服裝，就是最好的派對穿搭

熱鬧的派對會隨著年齡增長慢慢減少。只
要在平時也能穿的牛仔洋裝上點綴配件，
就能完成有派對氣氛的造型。

洋裝／ACNE
包包／Henri Bendel
鞋子／Marc Jacobs

有主題色彩的派對

參加指定色主題派對時，就利用平常也會穿到的褲子打造派對造型

如果要參加以顏色為主題的派對，就
穿平時也可以用來做休閒風造型的褲
子，如此一來購買時也比較不會有壓
力。

上衣／MARNI
褲子／ZARA
包包／H&M
鞋子／DOLCE&GABBANA

dim impression

我想用色彩樸實的衣服，變化出時髦的造型

N女士
30 幾歲　業務企劃人員

N女士的煩惱
「我很喜歡看起來隨興又時髦的造型，但是自己買的衣服卻都是米色、灰色等不鮮明的簡樸顏色。而且這樣的穿衣風格沒辦法在別人的心底留下深刻的印象，所以我希望自己的穿著能夠變得更亮眼。」

N女士
擁有的衣服

Advice

Point 1　讓橫條紋上衣成為搭配重心

只要加上一件能讓樸素色彩物變得顯眼的橫條紋上衣，就能改變整體印象。

Point 2　利用白色營造出整齊又率性的感覺

如果都用灰色和米色的單品搭配，看起來會有點黯淡。因此，利用白色讓造型增加率性又整齊的感覺是一大重點。

Point 3　襯衫結合多層次穿搭法，讓造型變得更有深度

色彩不鮮明的針織衫與其單穿，不如套在襯衫外面露出領子，才能讓色彩的存在感變得更強烈。也讓人覺得隨意穿搭就能很時尚。

外出補足能讓凸顯原有的衣服和讓人覺得閒適自在的單品

N小姐的衣服顏色看來不夠清爽而且灰暗。若能增加有強調曲線效果的橫條紋衣物，和讓外表顯得正經卻又隨和自然的白色衣物，就能讓穿搭看來更舒適成熟。

68

横條紋針織衫 Ⓐ

粗斜紋棉襯衫 Ⓒ

白襯衫 Ⓓ

雙色兩用包 Ⓔ

白色牛仔褲 Ⓑ

補充了幾樣可以成為造型重點的横條紋針織衫（BEAUTY&YOUTH）、粗斜紋棉襯衫（UNIQLO）和雙色兩用包（BEAUTY&YOUTH）。然後再利用白色牛仔褲（UNIQLO）及白襯衫（Ralph Lauren）營造出輕鬆的氛圍，就能讓色彩樸素的衣服恢復生氣，混合出一個個好看的造型。

＼ 加入新買的單品，擁有自己夢想中的造型！ ／

粗斜紋棉襯衫 Ⓒ

雙色兩用包 Ⓔ

白色牛仔褲 Ⓑ

横條紋針織衫 Ⓐ

白襯衫 Ⓓ

雙色兩用包 Ⓔ

只要把粗斜紋棉襯衫穿在裡面，立刻提升時尚成熟度

只需要在習慣穿著的組合裡加一件粗斜紋棉襯衫做內搭服，再把灰白的褲子換成純白色，給人的時尚感就會和以往完全不同。

在多重簡樸色彩單品當中，用横條紋勾勒曲線

在選用顏色樸素但濃淡有別的褲子、包包、鞋子表現出層次之後，別忘了用横條紋上衣展現女主角的迷人曲線。

穿上襯衫為造型刷上大片白色，一下子就讓主角變得清麗脫俗

只是讓灰色毛衣X卡其褲成為白襯衫的配角，這樣的搭配方式立刻就能讓女主角顯得氣質不凡。

Chapter 3

穿著有型的人，
總是在意小細節
是否協調！

好看與否最大的關鍵，
在於有沒有用心調整細節

不知道你是否曾有過「明明
就買了跟雜誌上一樣的衣
服，但是我穿起來就是沒那
麼有型⋯⋯」的經驗呢？

我認為衣服不只是穿上就
好，它就跟在菜餚上擺放巴
西利、添加調味料一樣，
如果不能用心堅持到最後一
刻，呈現出來的時尚度就會
不同。雖然只是像「打開口
扣子後呈現的形狀」、「袖
子捲起來多少」等小細節，
我認為都應該放在心上。因
為，巨大的差別都是由這樣
的小細節所引起。例如平凡
無奇的白T恤，因為實在太
過簡單，所以如果有任何的
缺點都會被看得很清楚。也
因為如此，挑選時「圓領是
否能貼合自己的身體」、
「衣長和肩寬是不是適合自
己」這些小細節顯得格外重

The Way
to Your Best
Balance

A fashionable person is particular about a few points.
One will copy that, and find a balance
of the fashion which looks nicest!

要。而為了能找到最適合自己的衣服，請務必試穿2～3件。並看著鏡子，冷靜客觀地分析自己體型上的優缺點。我認為這是找出最佳視覺效果時最首要的學習方法。因為UNIQLO和ZARA等平價服飾店準備的簡單、基本款式非常齊全，可以在店裡慢慢試穿，仔細比較。再來，就是利用自己的品味吸引「想穿的衣服」前來。究竟自己想要走休閒風格還是俐落風格？只要能夠清楚知道自己想要的風格，慢慢就會出現很多你渴望穿上身的衣服。還有，鞋子也擔負了塑造整體形象的重任。因此依照風格區分，注意是否協調也很重要。最後還有美麗的頭髮、肌膚及行為舉止。除了衣服和配件之外，身上的物品是否都適合當下的年齡這一點也希望各位能夠隨時注意。

依照自我風格，完成「夢想中的造型」！

「我一直想嘗試看看這種造型，但是好像跟我本來的風格不太一樣」你是不是也曾經因為如此，放棄嘗試有興趣的造型呢？只要依照自己的品味選擇單品，其實可以很輕鬆的完成任何一種風格的穿搭。

Taste

率性休閒

如何選擇適合自己的單品

選擇經水洗處理的款式就能打造休閒感。想要感覺更隨興輕鬆一點的話，可以不要扣釦子。

讓人覺得最休閒的莫過於男朋友牛仔褲了。
記得褲腳要輕鬆隨意地往上捲。

比方說，想穿
這種風格的衣服的話

❶

牛仔襯衫

×

白色長褲

除了要好好地選出適合的粗斜紋棉襯衫和白色牛仔褲，搭配帆布鞋和L.L.Bean的托特包更會讓整體休閒感倍增

粗斜紋棉襯衫／H&M　白色牛仔褲／Lee
U領背心／UNIQLO　包包／L.L.Bean
鞋子／Converse　披肩／ZARA
太陽眼鏡／VIKTOR & ROLF
項鍊／CHAN LUU

<table>
<tr><td>

Taste
3

知性俐落

選擇沒有褪色和剪破處理，薄牛仔布的粗斜紋棉襯衫，就能減輕休閒的味道。

挑選棉質，褲管中央壓線的款式。雖然也是利用白色長褲搭配，但因為選擇的布料不同，完成的風格便顯得俐落大方。

善用布料種類、厚薄以及配件，就能讓休閒穿搭必備款的牛仔襯衫和白色褲子，展現知性俐落的風貌。

牛仔襯衫／UNIQLO　白色長褲／UNIQLO
包包／Tila March　鞋子／DIANA
披肩／ZARA　項鍊／JUICY ROCK

</td><td>

Taste
2

優雅休閒

沒有做褪色處理的靛藍襯衫，恰如其份，完美營造出優雅休閒的味道。

即使是牛仔布款式的褲子，只要選擇窄管褲型，就不至於得太過休閒，能給人留下清爽的印象。

使用黑色的配件，讓靛藍粗斜紋棉襯衫+窄管牛仔褲更亮眼。
最後再搭配寬版手環，讓造型看起來不單調且更有品味。

粗斜紋棉襯衫／ZARA　白色牛仔褲／ZARA
包包／Henri Bendel　鞋子／RUE DE LA POMPE
手環／COFFY

</td></tr>
</table>

率性休閒

如何選擇適合自己的單品

想要做休閒感十足的打扮時，試著搭配現在當紅的LOGO T恤。只要選擇文字設計比較不誇張的款式，就不會有不符合年齡的問題。

比方說，想穿
這種風格的衣服的話
❷

T恤

×

緊身裙

挑選能夠把休閒感發揮到極大值的休閒風緊身裙。以相同色系的單品貫徹風格，還能讓人留下穩重的印象。

LOGO T-Shirt × 休閒風緊身裙是最經典的組合。選用同色系營造出清爽的形象，就不用擔心讓人覺得孩子氣。

T恤／GU　裙子／ViS
襯衫／H&M　褲子／ZARA
鞋子／FOREVER 21　帽子／AURA
太陽眼鏡／VIKTOR & ROLF

知性俐落

有著深深下挖的V領的T恤。黑色也容易給人成熟的印象。

黑色的窄裙讓俐落的整體造型看起來更動人。現在正流行不過於貼身的款式，我推薦大家嘗試看看。

黑色T恤×黑色窄裙可以營造出成熟的氛圍。內搭白色U領背心，讓整體看起來自然又不拘泥於潮流，是另外一個搭配的重點。

T恤／Theory　裙子／DES PRÉS
U領背心／Gap　包包／GIANNI CHIARINI
鞋子／Marc Jacobs
手環／JUICY ROCK
太陽眼鏡／VIKTOR & ROLF

優雅休閒

只要選擇細條紋再加上蓋袖，容易給人休閒感覺的橫條紋T，也能展現出俐落的味道。

如果怕受人歡迎的高腰緊身裙給人過於保守的感覺，牛仔布的款式不只可以解決這個問題，還能打造出符合現在流行又輕鬆的裝扮。

比起剪裁線條，帶有休閒感的材質，才能讓T恤和緊身裙組成具時尚感又協調的造型。

T恤／ZARA　裙子／ZARA
包包／CHARLES & KEITH
鞋子／REVE D'UN JOUR
披肩／無印良品　項鍊／於生活百貨商店購得

只要再多用一點心，效果就完全不一樣！
6個讓造型更「吸睛」的穿搭小撇步

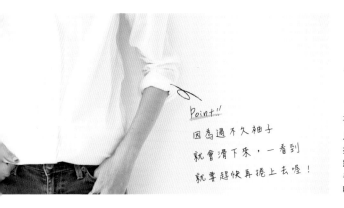

Point!!
因為過不久袖子
就會滑下來，一看到
就要趕快再捲上去喔！

1

袖子一定要捲起來！

以襯衫為例，將袖子寬鬆地
捲起是絕對不變的法則。
露出手腕華麗的裝飾，還有
手上的飾品，都會讓時尚品
味大幅升級。

2

牛仔褲的褲腳
上捲的寬度要窄，
露出腳踝

把牛仔褲的褲腳窄窄地往上折2
折或3折，就能露出最美的腳
踝，給人自在不拘謹的感覺。
這也是讓雙腿看起來更纖細修
長，變得更漂亮的秘密。

Point!!
折幅要窄，捲到可以
剛好看見腳踝的高度
最迷人。

Point!!
立起後領，
前方的領尖自然下垂

3

襯衫的領子
要站的直挺挺

記得把襯衫的後領立起來。
穿襯衫的時候如果不做點變
化，容易給人死板的印象。
捲袖子和讓領子站起來，請
務必做到這兩點，才能穿得
時尚有型。

我認為，稍事調整細節這個舉動，能夠大幅左右整體造型的效果。這裡將為各位介紹6個讓造型看起來更吸睛的穿搭小技巧。

Point!!
先將襯衫沿著肩線
向內折，然後再固定在腰上！

4

襯衫折好以後固定在腰部，看起來會更整齊

將襯衫綁在腰部時，千萬不要保持原狀直接固定上去。應該要沿著襯衫的肩線向內折，然後再綁到腰上。這樣從後面看起來才不會覺得雜亂，也才能打造清爽舒服的造型。

5

針織衫、T恤上衣都可以披在肩上！

利用衣服披在肩上做造型時，無論針織衫或T恤上衣都可放心運用。將上衣的領部稍微捲起後再固定，看起來會更舒服。而且固定在領子下方的位置最好看。

Point!!
T恤上衣不宜披在肩上？
做造型……沒這些限制！

Point!!
讓「突顯曲線的上半身＋
蓬蓬的下半身」成為檢視
穿搭線條時的經典標準吧！

6

將上衣紮進褲、裙裡，看起來更顯瘦

在穿著蓬鬆的裙裝等體積比較大的下身衣物時，將上衣紮進去是穿搭的重點。
如此一來，可以讓上半身更顯瘦，身材比例看起來更好。

利用鞋履為基本款注入豐富的表情

─我的原則是：無論裝扮如何休閒，是不是都能漂漂亮亮？─

挑選鞋子的重點及原則就是「無論當下的裝扮有多自在，都能讓自己看起來漂亮有型」。另一個挑鞋原則，就是要穿起來舒服，適合自己的腳。顏色方面，選擇容易融入造型裡的色彩或是基本色系會比較實用。依照風格準備幾種不同款式，讓穿搭更時尚有魅力。

平底鞋

以基本的黑色、米色為主要顏色，銀色平底鞋看起來好像不實穿，卻出乎意料的實用，是非常好搭的顏色。

左起
REVE D'UN JOUR
FABIO RUSCONI
Ferragamo

中性鞋

因為可以用鞋帶穩穩的固定，因此很推薦足弓低的人穿用。主流是黑色、米色等基本色。

左起
FABIO RUSCONI
PELLICO

運動鞋、帆布鞋

如果準備時能夠從簡單的便鞋，收集到像New Balance這類高功能鞋款，穿搭就會十分方便。如果不知道該買什麼顏色，白色會是比較好的選擇。

左起
FOREVER 21
Converse
New Balance

包鞋

鞋櫃裡一定要有的包鞋。在選擇時以好走為主，鞋跟不用太高，大概6cm最為理想。顏色可以選擇米色系或黑色，並盡量收集各種材質的鞋款，方便搭配。

上起
RUE DE LA POMPE　C'ast vague　PELLICO
FABIO RUSCONI　DIANA　Marc Jacobs

涼鞋

我收集了楔型、平底、粗跟、軟木等好走又輕巧的涼鞋。不僅適合舒適輕鬆的打扮，直接穿著也不會覺得突兀，我在夏天時經常穿用。

上起
FABIO RUSCONI
JIMMY CHOO
CHARLES & KEITH
TILA MARCH

靴子

秋冬的必備款式，可以準備低跟的長筒及短筒兩種靴型，配合季節選擇適合的長度穿著。顏色以黑色系和咖啡色系這2種最實用方便。

上起
Chloé　SARTORE　UGG　ZARA　KIWI

 鞋穿搭示範

夏天最受歡迎的就是涼爽舒適的平底涼鞋、楔型涼鞋、裸色芭蕾舞鞋和白色帆布休閒鞋等鞋款。因為能適時襯托裸露的肌膚,還能讓雙腳看起來更美麗。

船型襪×帆布鞋

不管什麼季節都好搭的白色短筒帆布鞋。夏天可以穿上不容易被看見的船型襪。

裙子×白色涼鞋

裙子×白色涼鞋是夏天一定要有的組合。雖然沒有鞋跟,但是白色可以完成舒適成熟的俐落造型,我非常喜歡。

牛仔褲×楔型鞋

楔型涼鞋即使鞋底比較高,也不易讓雙腳覺得疲累,是夏天時的必備鞋款。和散發休閒味道的牛仔褲最相配。

牛仔褲×平底鞋

另外一種最常和牛仔褲搭配的鞋款就是裸色的平底鞋。由於能和膚色相稱,所以美化腳部的效果非常好。

米色裙裝×米色涼鞋

在夏天穿著米色裙裝時,搭配同色系的米色涼鞋可以襯托出肌膚的顏色,是很推薦的搭配方式。不只看起來清爽,還能讓雙腿感覺更修長。

在還有點寒冷的初春時分，我一定會穿上看起來像是裸著雙腿般的膚色絲襪。然後再穿上白色長褲展現雙腳清晰美麗的線條。

穿上絲襪卻像裸著的雙腿×平底鞋

LANVIN COLLECTION的膚色絲襪，穿起來就像赤裸著雙腿般自然，很適合在春天穿著。

白色長褲×裸色包鞋

很有春天氣息的白色長褲×裸色包鞋也是常見的組合。可以讓上衣的顏色看起來更飽滿明亮。

秋 *Autumn* 鞋穿搭示範

在氣溫慢慢下降的秋季，常常會看到著深色鞋履或完整覆蓋腳踝的溫暖造型。
在這樣搭配時應小心不要給人太厚重的感覺。

長度到腳踝的長褲×深色包鞋

利用深色包鞋和長度到腳踝的褲子搭配，就能營造出秋天沈穩的感覺。然後赤腳穿鞋增添一些隨意自在。

同色系襪×中性鞋

剛始覺得冷了以後，我會到「*靴下屋」尋找能和鞋子的顏色配合的同色系襪子。羅紋織法的襪子會比較時髦有型。

譯註：日本的襪子連鎖店名。

牛仔褲×淺色短靴

米色系淺色短靴，和牛仔褲稍稍重疊既可以把腳踝藏起來，也不會顯得不協調。

冬 鞋穿搭示範

冬天的樂趣就是可以透過組合厚褲襪和靴子等
服飾配件，讓腿看起來更美。像是用同色系的
靴子，搭配同色系的厚褲襪；或是把白色褲管
塞進靴子營造出俐落的風采……利用一點小技
巧就能演繹出隨意不做作的時尚感。

黑色厚褲襪×黑色短靴

黑色短靴最近特別受歡迎。因為選擇黑色的靴子，就可以用黑色
褲襪搭配，實在非常簡單！又能讓雙腿看起來美麗動人。褲襪的
厚度可以配合季節更換，秋天使用60丹，冬天使用80丹的產品。

咖啡色厚褲襪×咖啡色長靴

咖啡色系靴子在搭配裙子的時候，最讓人傷腦筋的就
是挑選褲襪的顏色。這時候只要選擇同色系咖啡色的
褲襪就萬無一失。圖中和咖啡色長靴顏色相稱的褲
襪，是我在無印良品找到的戰利品。

白色牛仔褲
×咖啡色長靴

想要將褲管塞進咖啡色
靴子的話，用白色長褲
營造出清爽成熟的味道
後，會讓雙腿看起來更
美麗。

白色牛仔褲
×UGG

寒冬的救星就是
UGG。因為有很濃厚的
休閒感，比起藍色牛仔
褲，我覺得白色牛仔褲
更適合它。

灰色厚褲襪
×灰色中性鞋

以中性鞋的色調為中心，配合厚襪的顏色向上延伸，鞋和襪的色彩連成一線讓雙腿看起來更加修長。

黑色厚褲襪×黑色包鞋

黑色包鞋×黑色厚褲襪的組合絕對不可能在冬天缺席，簡直是經典當中的經典。厚度80丹的褲襪能讓腿部曲線看起來最動人。我比較常去「靴下屋」的官方購物網站「Tabio」購買厚褲襪。

深灰色厚褲襪
×米色楔型包鞋

如果想在冬天穿淺色的鞋子，我推薦搭配深灰色的褲襪。這麼一來，不會像黑色那般差別懸殊，色彩也能互相調和散發時尚美感。

Column

如果要買一雙包鞋，
你會選擇漆皮還是麂皮的呢？

如果要買一雙樸素的黑色包鞋，你覺得漆皮和麂皮那一雙比較好呢？大家普遍覺得都是黑色應該沒有什麼差別，但是材質對風格帶來的影響遠超過你的想像。如果能注意到這個小細節，將能讓你的搭配作品看起來更時尚有型。若是習慣休閒風格的人，我會建議她選擇適合休閒風的麂皮材質。但是走優雅路線的人，我就會建議她選擇能給人俐落印象的漆皮材質。雖然佔的面積很小，鞋子卻會影響整體的風格和讓人窺見你是否善於搭配，覺得不知道該如何選擇的時候不妨參考一下我的意見。

「造型簡單卻具吸引力的人」究竟和其他人有何不同？

長期從事時尚工作，

我深深地感受到，服裝不是在裝扮

外表時唯一需要用心的地方。

其他需要注意到的地方還有：

化妝夠不夠仔細、頭髮的光澤、

有沒有好好的保養手部、

儀態及平時的禮貌……等，

要將上述的條件

都配合在一起才稱得上完美。

所以在家裡準備一面穿衣鏡，

出門前仔細確認服裝

這件事真的非常重要！

2. 保持美好儀態！

僅僅把背打直，調整到正確的姿勢，

就能讓你看來高好幾公分，體態還會看起來更漂亮。

雖然我常一不小心就彎腰駝背，過於放鬆，

但因為我一直覺得姿勢美麗的女性會讓身旁的人

也覺得她很美，所以只要一發現自己的姿勢不正確，

我就會馬上把背挺直，回復應該要有的樣子。

1. 笑容最迷人！

只是穿上漂亮的衣服還不算是「迷人」！真正的迷人

是擁有開朗的笑容、落落大方的態度，讓旁人也覺得

快樂才是「美麗的女性」該重視的事情。現在馬上就

可以開始，嘴角上揚，展現你的笑容！

3. 用心對待秀髮

我們應該常常聽到,只是好好在髮型下功夫,
不需要買太多衣服也能變漂亮的說法。
因為我的個性比較懶散,
以前最多就只會好好地梳理頭髮。
不過當我有一次看到,髮絲被電捲棒輕輕內捲後
竟然出現神奇的變化,看起來也跟平常的我不一樣。
之後,我每天都會幫髮絲燙出一個小小的彎度。
雖然我也會覺得麻煩,
但是只要把它變成起床後的一個習慣,就能一直持續下去。

到了某個年齡,
就要開始注意髮絲的保養

隨著年齡增加,頭髮會漸漸失去
光澤,放著不管的話會讓自己看
起來比實際年齡大。而使用護髮
油等產品好好保養過的秀髮,看
起來就是會不一樣。

絲光柔馭髮露／Kérastase

4. 肌膚濕潤飽滿

暗沈會隨著年齡越來越明顯。原本很適合黑色的人,
也可能因為臉上的暗沈而不再適合。
只要每天敷臉,
不用花太多錢就會有完全不同的效果。
年輕的時候不管有沒有好好保養,
都不太會顯現於外。但是35歲以後,
對肌膚是否細心照顧都會被誠實地反映出來。

每天敷臉,肌膚就會不一樣

選擇在藥妝店買得到、價格實惠的面
膜就好。自從我在藥妝店買了大包裝
特惠面膜並且每天敷臉後,乾燥的肌
膚就獲得了滋潤,變得水水嫩嫩。另
外,我都在泡澡時敷面膜,聽說這樣
可以敷得更久,還能夠節省時間。

5. 臉色紅潤、指甲美麗

服裝越簡單,
彩妝和指甲等小地方就會越醒目。
雖然不需要打扮得過分誇張華麗,
不過我覺得有仔細地修剪指甲、
撲上腮紅增加氣色……
等保養小地方的意識,
才能成為耀眼的女性。

one pattern...

想為華麗的
穿衣風格
增加一些休閒感

R女士
擁有的衣服

R女士
30幾歲　家庭主婦

R女士的煩惱
「我不擅長休閒的打扮，
而且總是穿著安全的顏
色，所以搭配了無新意。
另外，我很喜歡粉紅色，
若能將粉紅色自然地融
入穿搭中又不顯得孩子
氣的話就太棒了。最後，
希望搭配出來有修飾腰
部線條的效果。」

Advice

Point 1 最佳色彩的Smoky Pink
可以大方運用在下半身的服裝

根據我幫R小姐做的色彩鑑定結果，灰粉
色（Smoky Pink）除了是她原本就喜歡
的顏色，也是最適合她的顏色。對成熟女
性來說，若運用在大範圍或下半身服裝，
會讓人覺得恰到好處，不至於太過甜美。

Point 2 本人在意的腰部曲線
就用流行款上衣掩飾

現在流行的假兩件式襯衫針織上衣，因為
衣長較長，剛好能蓋住想遮住的腰部線
條，推薦大家試試看。單穿也不顯單調。

Point 3 利用灰色單品
串連原有衣物和粉紅色配件

委託人原本有的大多是比較深的藍色、黑
色等深色系的衣服，能夠搭起橋樑使粉紅
色配件自然地融入造型，風格更多變的幕
後功臣就是灰色的單品。

巧妙地加入原本就喜愛又適合的灰粉色
完成令本人非常滿意的造型

R小姐之前認為要把現有的衣服和喜愛的粉紅色配件搭在一起，非常困難。
但其實只要在兩者間加入能串起彼此的單品，就能完成令人滿意的造型。

新增加的就是這5樣單品！

A 橫條紋針織衫

C 粉紅色長褲

D 灰色包包

B 假兩件式上衣

E 灰色短靴

我們選購了5件單品，包括可以用來做為搭配亮點的橫條紋上衣（無印良品）、遮掩腰部曲線的假兩件式上衣（ROPÉ PICNIC）、灰粉色長褲（UNIQLO）、能夠將細膩色彩融入造型裡的灰色包包（ViS）以及短靴（N.NATURAL BEAUTY BASIC）。只要有這些，就可以創造出跟以往不一樣的風格。

加入新買的單品，擁有自己夢想中的造型！

A 橫條紋針織衫

D 灰色包包

E 灰色短靴

粉紅色披肩搭配橫條紋針織衫，輕鬆中散發些許華麗

橫條紋針織衫外再加上一條粉紅色披肩，能為輕鬆休閒增添一股華美的氣息，是可以放心加入的一件單品。

D 灰色包包

C 粉紅色長褲

E 灰色短靴

成熟的大人也能放心穿，搭配粉紅色長褲創造全新形象

用褲子做搭配就不會顯得孩子氣。為了不讓粉紅色過於突出，其他單品應盡量選擇柔和的顏色。

B 假兩件式上衣

假兩件式上衣讓合身的窄管牛仔褲看起來更有型

原本就能展露腿部曲線的窄管牛仔褲，受了衣長較長的流行款針織衫幫助加強線條，讓整體看起來更迷人。粉紅色可以用配件點綴。

Chapter 4
即使預算很少，
只要善用平價服飾
就能完成
令人滿意的造型！

我不認為捨得花錢或購買雜誌上刊登的高級品牌服飾就能讓自己變時尚。在那之前更重要的是，要找到適合自己的顏色及款式，並了解是否適合自己的生活型態。心中憧憬的風格，即使不用心儀的品牌也能完成。通常我會在平價服飾店試穿自己有興趣的款式。如果我覺得很喜歡又會經常穿著，就會開始尋找能長期使用的類似產品。只要持續不斷將自己認為必備的款式放進衣櫥，就會慢慢成為自己心目中的樣子。首先，就是要降低門檻，到H&M或ZARA找尋流行、又適合目前的自己與符合目標的款式，好好享受搭配成夢想中造型的樂趣。這麼一來不僅不必擔心失敗，還經常意外地在平價品牌中

Use
Petit Price
Items

Even with a small budget,
You can intelligently coordinate
with inexpensive items.

找到心儀的單品——例如我擁有的一件連帽外套。那次在一家我很憧憬的品牌，試穿一件我已經決定要買的灰色連帽外套，沒想到卻完全不適合我。正當我四處找尋時，發現無印良品有一件象牙色連帽外套讓我非常滿意。這也讓我了解：別為自己設限，以及在自己的能力範圍內努力尋找有多重要。

另外，曾經有某位已經是媽媽的客戶對我說，因為覺得喜歡的衣服都超過自己的預算，所以自從成為媽媽後再也沒有買過衣服。聽了之後，我試著配合她的預算，在UNIQLO等品牌為她找齊她想嘗試的白色褲子等，在她看到之後也忍不住對我說：「我真的好開心」。目前平價品牌所推出的產品真的非常值得稱讚。讓我們配合自己的生活型態，把適合自己的平價衣飾放進穿搭裡吧。

利用平價服飾嘗試新的挑戰

在流行的世界裡，挑戰新事物需要拿出勇氣。因此我們可以盡量壓低價格、降低難度，
用嘗試的心情挑戰看看。我依照品牌為優秀的單品作了區分，請大家參考看看。

ZARA的俐落彩色系披肩

我推薦大家可以嘗試看看ZARA的披肩。在
那裡找得到色彩美麗或印有流行圖案的產
品，一次就能確認多種樣式，種類豐富。

UNIQLO的白色長褲

因為白色褲子容易髒，把它視作需定期更
換的「消耗品」會覺得比較輕鬆。而
UNIQLO不僅方便，因為不同的材質、款式
齊聚，更容易從中找到適合自己的單品。

ZARA的彩色鞋履

ZARA的平底鞋種類及顏色都很齊全，而
且大多能用很實惠的價格購得，所以我
推薦大家去那裡挑選有興趣、能夠穿上
一整季的流行色鞋履。

車站飾品店裡的
人造珍珠項鍊

人造珍珠項鍊的特色，就是重量輕又好搭配。現在車站飾品店裡的款式都非常好看，讓人忍不住就想要買一條回家。挑選時，以大約90cm，正好落到胸前凹陷處的長度為標準。

H&M和CHARLES & KEITH
富有挑戰性的彩色包包

如果大家想要只花少少的錢，就買到能放心嘗試的鮮艷包款，我會推薦大家品項豐富的H&M，還有做工精緻、CP值高的CHARLES & KEITH這2個品牌。

H&M閃耀珠寶色澤的項鍊

我想提醒大家，在平價品牌挑選容易讓人留下深刻印象的金色飾品時，最好是選擇霧面質感，避免光芒外露的飾品。

利用基本款
+
平價潮流服飾打造出流行感！

GU

ViS

Gap

與其急著把衣服全換成流行款，不如將它們慢慢融入日常穿搭裡。
如此不躁進的做法也比較容易開始，不會造成負擔。
讓我們馬上來利用平價服飾的潮流單品，妝點自己吧！

UNIQLO

ZARA

FOREVER21

Trend item 6	Trend item 5	Trend item 4
毛線帽	**便鞋**	**過膝裙**
試著看在顯得單調的休閒裝扮上加一頂毛線帽，就能讓人覺得自信又時髦。	用便鞋取代跟鞋，搭配以往會和跟鞋組合的服裝，穿出潮流風格。	以裙子為主角，只是將裙長換成過膝長度（比及膝波浪裙稍長），就能讓感覺完全不同。

無印良品　粗纖有機棉素面拼接條紋長袖T-Shirt

好物①

無印良品的
橫條紋上衣

無印良品橫條紋上衣在靠近臉的部分為素面，且對條距的掌握適當不會顯得過於輕鬆休閒，是有心嘗試、或是不喜歡橫條紋的人都可以放心接受的款式。像我自己剛開始喜歡穿的是深藍條紋象牙底色的上衣，之後又買了白條紋深藍底色的上衣。因為布料的手感比較厚，冬天也能放心穿著，是很實用的款式。而我最常用來搭配的象牙底色上衣，因為不是純白色，所以很襯膚色也很好搭配。再者，因為胸前是素面，可以清楚地展示出飾品的美麗。是一款設計得恰到好處，不但超值而且出色的優秀作品。

搭配裙裝，
展現優雅氣質

上衣便於塞進裙腰，也非常適合搭
配裙裝。由於胸前採素面設計，珍
珠項鍊不會受到條紋干擾，盡情展
現它的圓潤美麗。

裙子／ZARA
包包／Tila March
鞋子／RUE DE LA POMPE
項鍊／AneMone
手環／於生活百貨商店購得

利用橫條紋上衣，
做出輕鬆悠閒的造型

只要和羽絨背心搭配，就能散發出
秋天氣息的橫條紋上衣。和帆布鞋
組成的休閒造型，也因為橫條紋上
衣顯得亮眼。

背心／UNIQLO
褲子／Gap
包包／L.L.Bean
鞋子／Converse
披肩／FOREVER21

Gap 九分褲　水藍色、粉紅色（私人衣物）

Gap的
彩色長褲

只要說到彩色長褲，是不是很多人都會想到 Gap 呢？

Gap 每年都會推出大量跟流行色有關的商品，色彩豐富如同彩色鉛筆一樣，讓人忍不住想要去看看。因此我常去 Gap 選購該年的流行色長褲。由於 Gap 的尺寸很齊全，我也常常推薦我的客戶去那裡挑選商品。而對於初次嘗試彩色長褲的人來說，我建議可以選藍色斜紋棉褲和粉紅色褲管中央壓線的長褲，作為第一條彩色牛仔褲。藍色斜紋棉褲已經過洗滌加工而且免燙就能穿著，最適合休閒風造型。粉紅色褲管中央壓線的長褲則展現恰到好處的俐落，適合保守人士一試。

成熟的大人也可以放心
穿的錐形剪裁

出現在臉部四周容易顯得過於甜美
的粉紅色，如果可以結合感覺知性
冷靜的錐形剪裁，會讓基本款看起
來更加亮眼。

連帽外套／無印良品
針織衫／H&M
包包／於法國購得
鞋子／Converse
項鍊／GALLARDAGALANTE
手環／JUICY ROCK

穿起來比牛仔褲
還透氣涼爽

在炎熱的夏天，我建議大家用斜紋
棉褲代替牛仔褲。不但更涼爽，還
能給人滿滿的潔淨感受。

上衣／STUNNING LURE
包包／Gap
鞋子／CHARLES & KEITH
項鍊／wa...lance

ZARA 大披肩　卡其色、米色、土耳其藍（私人衣物）

ZARA的 大披肩

ZARA的披肩色彩豐富，無論是鮮豔還是柔和色系一應俱全，非常容易挑選。除了顯色、品質超值之外，尺寸大容易創造出立體感的特點也讓我愛不釋手。我自己每一季都會去看看有沒有適合採買的顏色，到現在已經收集了8條。而且不只是彩色披肩，積極利用潮流色彩的印花披肩選擇也很豐富。鮮豔的彩色披肩是夏天穿搭的亮點，柔和樸實的色彩就是秋天穿搭的矚目焦點。彩色披肩也是方便我隨季節變換造型氛圍的重要配角，並且會想要持續愛用的配件。

為整體增添
強烈的夏季氣息

只要將直接、鮮豔的土耳其藍披肩
隨意的繞一圈就是夏天的感覺。另
外還有遮陽和在冷氣房保暖的功
能,絕對不能少。

上衣／H&M
裙子／Whim Gazette
包包／Fatima Morocco
鞋子／CHARLES & KEITH

用有秋天氣氛的配件,
早一步營造換季的感覺

在初秋的時候,經常會使用色彩素
雅的配件進行搭配。只需要這樣就
能夠帶出新季節的氣氛,讓整體看
起來更時尚。

西裝外套／Deuxieme Classe
T恤／BARNYARDSTORM
褲子／Gap
包包／no brand
鞋子／RUE DE LA POMPE

無印良品 ＊莫代爾混絲
披（大） 130X180cm

無印良品的披肩

雖然我們使用披肩時，往往想到的是色彩繽紛的披肩。但是在單一色調或是要表現漸層的穿搭等，最適合展現優雅造型的卻是白色的披肩。而集合舒服觸感、柔軟及讓人感到高雅的蓬鬆感於一身，無印良品的莫代爾混絲披肩是平價時尚單品中最優秀的一項產品。調性柔軟的灰白披肩有為造型增添魅力的功用。因為體積小容易收整，很適合拜訪公婆時攜帶。強力推薦大家在春夏時使用。

UNIQLO V領毛衣（私人衣物）

UNIQLO的薄針織衫

超越價格的良好做工與質感，不易變形的UNIQLO薄針織衫。容易下手的價格最適合家庭主婦。因為質地輕薄，所以可以很輕鬆地塞進合身的外套裡，或是套在襯衫外面做出漸層式穿搭……這是一款實用到令人開心的單品。另外讓我覺得最棒的是，在需要灰色、黑色、灰白色等基本色的簡單V領、圓領針織衫時，只要走一趟UNIQLO就一定會找到合適的優質單品。

譯註：莫代爾（Modal），紗線的種類。光澤、柔軟性、吸濕性、染色性、染色牢度均優，製造出來的成品有絲綢光澤、觸感柔軟、垂墜性並且耐穿。

無印良品　有機棉毛
圈連帽外套

無印良品的
連帽外套

無印良品的連帽外套厚薄度剛剛好，可以在春天當作外衣，秋天則能夠毫不猶豫地和騎士外套及羽絨背心做漸層式穿搭，設計十分高明。雙向開合設計，讓穿搭風格可以隨著拉鍊打開的程度拓展。相較於灰色，更應該選購能夠完成俐落造型的灰白色款式。因為白色是屬於容易髒，需要經常更換的顏色，所以最好能選擇價格實惠的品牌商品。

UNIQLO　打褶九分
斜紋棉褲　米色（私
人衣物）

UNIQLO的
九分褲

這是一款穿上會舒適到覺得驚喜，同時擁有漂亮剪裁、能讓雙腿看起來纖細的長褲。材質硬挺、不過份貼合雙腿曲線是其中的一個原因。我認為它也很適合想遮掩腰部曲線的人。像這樣價格實惠、品質又好的產品，我認為並不多見。雖然穿起來卻覺得輕鬆，但是看起來卻很俐落。兩者的均衡保持得非常完美。和襯衫搭配時是上班用的服裝，和T恤及休閒鞋搭配時又能展現非常休閒一面的優異單品。我覺得深藍色也是很好的選擇。

快速又聰明的
購物6法則

為了提升自己的購物眼光，最重要的是要
仔細思考過後再購買。在這裡傳授給各位
6個任何人都能夠做到的購物秘訣。

Point 1

想想衣櫥裡還缺少哪些款式

首先檢視自己的衣櫥。想想每天早上自己在
挑衣服時，腦裡會浮現哪些讓你心生「要是
有這件就好了」念頭的款式，那便是你所缺
少的。將衣服依照種類，再依照顏色分類後，
就會很容易地發現「有、沒有」哪些款式。

Point 3 將購物清單
記錄在手機裡

把缺少的款式記錄在你的手機裡。然後為它們排
出順序。這樣就可以預防衝動購物。如果能預先
記錄在手機裡，也方便在臨時有空的時候一邊看
著備忘錄，一邊尋找需要的衣飾。

Point 2

衣櫥裡，
有看起來毫不起眼的基本款？

在列款式補足清單時最容易被漏掉的，就是
簡單到不起眼的針織衫、T恤、U領背心。老
是想著總有一天會買，卻老是被遺忘的綠葉
款式，其實才是各位最需要準備的衣服。要
記得加進你的清單裡喔。

Point 4 事先 在網路上做功課

因為平價時尚品牌的店鋪佔地寬廣，要從大量的商品裡找到想要的東西得花上不少時間！所以，最好在出發之前就先到品牌的官方網站確認目前正在銷售中的商品。如果有覺得不錯的商品，就可以瞄準之後再去現場購買！

Point 5 穿上想和目標單品搭配的 衣服去購物

比方說，如果你想要找能和休閒窄裙搭配的上衣的話，就穿著那件裙子去採購吧。這樣才能確認搭配完成的樣子，避免回家實際搭配後覺得跟想像中不一樣。

Point 6 拿3件有著微小差異的衣服去試穿

試穿時，與其拿多種不同的款式進試衣間，還不如挑選同一種但是3件有微小差異的衣服試穿比較。如果只有一件的話會比較難分辨出適不適合自己，但是有三件的話就可以相互比較顏色和版型，店員應該也會告訴你你適合哪一件。

Chapter

5

想和孩子一起
開心打扮

現在的你真正需要的
是什麼樣子的衣服？

好像有很多人都認為，媽媽就是應該要穿著T恤、牛仔褲和休閒鞋那種髒了也沒有關係的衣服，不應該打扮得漂漂亮亮的……。我自己曾經也是這麼想。但是現在，當客戶問我「是不是因為我有小孩了，所以應該要放棄打扮自己呢？」的時候，我都可以很有自信的回答：「不是！」。正因為是身處在勞累又忙碌的時期，更應該好好的對待自己。對服裝懷抱著「喜愛」的心情，然後展現自我，才能開心的度過忙碌的每一天，享受作為一個媽媽的生活。因為這個轉變，心裡也會比較輕鬆，能對周遭的人展現溫柔的一面。與其叫自己忍耐然後一臉陰沈，還不如笑咪咪的穿著自己喜歡的衣服展現好心

Enjoy
with
Your Kids!

Mother should not be fashionable,
It is a mistake. Enjoy the fashion with your kids!
It will lead to the happiness of your family.

情，小孩也會覺得開心。因為孩子最愛看到媽媽的笑容。只要能打造一個適合現在的自己，能夠讓自己散發出光彩的衣櫥，就不會抱著「這件真的可以嗎……」的心情選擇自己要穿的衣服，而是轉念和至今沒有過的自信一起想著「好！今天也要用這個造型度過美好的一天」。女性因為要兼顧家庭主婦、媽媽、工作等不同的角色，所以必須配合TPO應變。因此，更需要一個能讓自己的能力發揮120%的衣櫥。衣服看起來不重要，但在某些時刻卻顯得關鍵。正因為是每天都要穿的東西，才需要刻意「更喜愛」在平靜生活中的穿搭。我相信持續累積將會產生出每天的「樂趣」。我也認為這將能使家庭更和樂開心。

正因為是媽媽，才更應該穿得漂亮一點！

當我在服裝規劃師前輩的課堂聽到這席話的時候，我覺得非常錯愕。

「如果你想要讓誰變得幸福，就先讓自己的容器裝滿幸福吧。」

當容器裡的幸福滿溢時，才是你能分享幸福給別人的時候。」

「自己要想辦法讓自己開心」

家庭主婦、媽媽總是習慣將家人和孩子放在第一位，把自己排在次要的位置。

而當勉強自己所帶來的壓力持續累積，開始沒有辦法包容家人時，又會因為責怪自己而變得煩躁……

把「因為已經是家庭主婦了，所以沒辦法」、

「因為已經是媽媽了，所以沒辦法」變成放棄從事自己喜歡事物的理由。

再接著累積放棄帶來的壓力，成為一個對家人以恩人自居，釋放出「我都是為了你們才拼命忍耐和付出的！」訊息的媽媽。

現在回想起來也覺得很心酸。

對那樣的我來說，「自己要想辦法讓自己開心」這句話讓我感到很震驚。

不過在那之後，因為我想試著改變自己，所以就試著去相信那句話。

而且試著執行之後，發現這不是件容易的事。

我的內心不停的為了「身為一個家庭主婦，這樣不會太任性了嗎？」、

「作為一個媽媽，這樣真的好嗎？」的想法而糾結著。

而最大的敵人就是自己心中既有的觀念。

不被「應該」所拘束，下定決心為了自己，也為了家人，要努力成為「夢想中的自己」。

然後又在反覆苦思之下，決定要開始從事服裝規劃師這個能夠拯救自己的工作。

這對我來說是一個很重要的決定。不過，我真心認為還好我選擇了這條路。

有了這樣的經驗之後，在實際用行動疼惜自己，我才感受到「這一切都是真的」。

讓別人優先真的是一個非常棒的行為。

但是，如果忍耐而失去了笑容，我想家人也會非常擔心。

「為了自己」其實也是「為了家人」。

在我不斷地進行諮詢的當中，聽過好多人都說：「在20幾歲的時候很愛打扮，

也有自己喜愛的風格，但是當了媽媽以後就迷失了⋯⋯」。

再一次好好的感受，穿上心愛衣服的愉悅，還有興奮的心情吧。

只要選擇能馬上清洗，容易戴的飾品，媽媽也可以變得時尚美麗。

不要再有沒辦法⋯⋯要忍耐之類的想法，你能做的事情就是在今天起而行。

因為即使有了孩子，「我」也還是「我」。

能讓媽媽變時髦的單品選擇秘技

只要細心挑選材質和外型，就能找出有「自我風格」的單品。
就算不是穿著「媽媽味十足」的款式，也不會在全職帶孩子的生活裡感受到壓力。
在這裡，我將告訴各位挑選適合自己的單品時的標準及需要注意的重點。

Mother's useful items!!

01 | 蹲下時也不會露出背部的長版的內搭上衣

常常需要站立、蹲下的媽媽如果選擇衣長比一般襯衫或上衣要長的U領背心，即使蹲下也不會露出肌膚，穿起來十分放心

左起　UNIQLO、UNIQLO、American Apparel

02 | 可水洗的針織衫

大家都不會想買需要送洗或手洗、不易保養的衣服。這時候只要選擇可使用洗衣精和洗衣機就能清洗的可水洗針織衫就能省下很多工夫。

ZARA

03 | 拿定主意，只要「合成皮革」

比真皮輕，但又比帆布材質感覺俐落。而且合成皮革耐髒汙，也不怕下雨天，保養方便可以在各種場合使用。

PLST

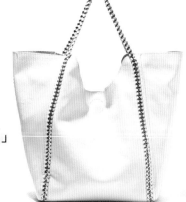

04 | 不用燙也OK的襯衫

對於不想花時間燙衣服的我來說，免燙襯衫問世實在是太棒了。只要穿上襯衫，就可以讓人覺得時尚有型。

UNIQLO

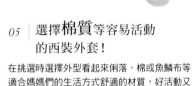

05 | 選擇**棉質**等容易活動的西裝外套！

在挑選時選擇外型看起來俐落，棉或魚鱗布等適合媽媽們的生活方式舒適的材質，好活動又實穿。

Deuxieme Classe

07 | 一定要有休閒鞋！

對媽媽來說絕不能少的就是休閒鞋。因為這是目前的熱門單品，所以只要穿上它就是跟上了潮流。選擇白色能散發率性，讓穿搭更時尚。

Converse

06 | 外套選擇**短版款式**比較方便

有了孩子以後，穿風衣的機會就會迅速地減少。取而代之的是輕便的短版外套。如果是尼龍材質還可以折起來攜帶，非常方便。

UNIQLO

不要為了孩子選擇放棄飾品！

飾品老是因為「小孩要是拉扯的話很危險……」、「因為沒時間挑選佩戴……」
而被媽媽們嫌棄。但只要從「媽媽也能夠佩戴」的角度去尋找，
意外可以找到很多適合的飾品！享受穿搭讓自己的心情變好是身為媽媽的任務，
飾品的任務就是幫助媽媽達成這個目標。

Mother's Accessory!!

" 只要有這一樣！
一定要有的飾品 "

佩戴上這四樣媽媽一定要有的飾品，
就能輕鬆的帶領媽媽跟上潮流。
項鍊是重量輕，
碰撞到孩子也不會受傷的人造珍珠。
還有能讓普通的衣服
也看起來耀眼華美的長銀鍊。
耳環則一定要選擇
不會被孩子拉扯下來的小耳環。

環狀耳環／
JUICY ROCK
人造珍珠項鍊／
AneMone
銀鍊／
於生活百貨商店購得
人造珍珠耳環／
JUICY ROCK

110

"容易穿戴的飾品"

在能提早一秒都好，
想快點打扮好的早上，
那種還要扣上扣環才能穿戴的
飾品實在是太麻煩了。
這時只要選擇用彈性線製作，
可以馬上套進手腕
或是套進手腕後
再調整後面拉繩的飾品
就能迅速的整裝，
不會造成媽媽的負擔。

左起
彈性線款（土耳其石）／於生活百貨商店購得
彈性線款（金色）／JUICY ROCK
拉繩款（橘色）／wa...lance
拉繩款（咖啡色）／JUICY ROCK
拉繩款（深咖啡色）／KBF

"材質柔軟的飾品"

絹絲飾帶的話，不僅可以清洗，
也不用擔心會傷害孩子，
可以放心的戴在身上。
由於可以在網路上找到各式各樣便宜的款式，
很適合用來裝飾手部。

絹絲飾帶／
皆為貴和製作所

打造合宜的
外出裝扮

成為媽媽之後，需要參與的各項活動變多。如果能夠配合 TPO，搭配出自己也能樂在其中、時髦好看的造型，那會是件多棒的事。

☑ 國小家長參觀日

去學校參觀教學時，可以以深藍色為中心，搭配出穩重的造型。鞋子和包包就選米色配件組合，塑造出俐落形象。

針織衫／ZARA
U領背心／UNIQLO
褲子／ZARA
包包／Tila March
鞋子／DIANA
項鍊／於中東購得
耳環／JUICY ROCK

☑ 和孩子一起去公園

基本上在休閒放鬆的場合要選擇容易活動的服裝。也可以配合孩子的穿著選擇顏色和材質，享受親子間的穿搭樂趣。

上衣／ZARA
裙子／FOREVER21
包包／Gap
休閒鞋／Converse
太陽眼鏡／VIKTOR & ROLF

童裝
洋裝／Carter's
針織開襟衫／UNIQLO
鞋子／ZARA

上衣／ZARA
U領背心／UNIQLO
褲子／INCOTEX
包包／Fatima Morocco
鞋子／FABIO RUSCONI
披肩／BEAMS

童裝
T恤／於法國購得
裙子／UNIQLO
包包／於紀念品商店購得
鞋子／ZARA

☑ 帶小孩一起去
　　同為媽媽的友人家

在這裡可以選擇輕鬆看起來又俐落的服裝
和鞋款。為孩子穿上可愛的服飾，可以讓
整體畫面看起來更溫馨。

☑ 和同事一起去
　　現在正夯的餐廳

在扮演媽媽時派不上用場的高跟鞋，就
趁單獨出門時讓它亮亮相。
記得搭配黑色配件組合，讓造型更完整。

上衣／CHRISTOPHE LEMAIRE
裙子／ZARA
包包／Bottega Veneta
鞋子／Marc Jacobs
項鍊／GALLARDAGALANTE

在家也別穿「不喜歡的衣服」

就是因為媽媽待在家的時間很長，

所以我常常會想「真的很希望各位媽媽能穿著自己喜歡的衣服，

好好享受穿衣的樂趣！」。

雖然這看起來只是一件微不足道的小事，但是請相信我，

要穿一整天的衣服，真的具有左右情緒的能力。

要是抱著「反正也沒有要和誰碰面」⋯⋯的感覺

穿著捨不得丟掉的 T 恤等服裝，心靈深處應該也會覺得空虛吧。

或許穿了以後沒有別人會看見，但是自己會看見。

穿著「其實自己也不是很喜歡，但是還可以穿」的衣服，

應該很難讓自己開心起來。

以「突然有訪客前來，也能夠馬上出現」為前提選擇家居服，

或是在家穿上自己很喜歡但是不太適合穿出門的鮮艷色獨樂樂也是挺不錯的選擇。

作為一個在家裡也想認真經營生活的家庭主婦，同時也是一個母親，

我更希望在家也能穿著自己喜歡的衣服。

這樣的話，才可以保持愉快的心情，繼續為家人努力。

我最愛穿的家居服，其實設計非常簡單！

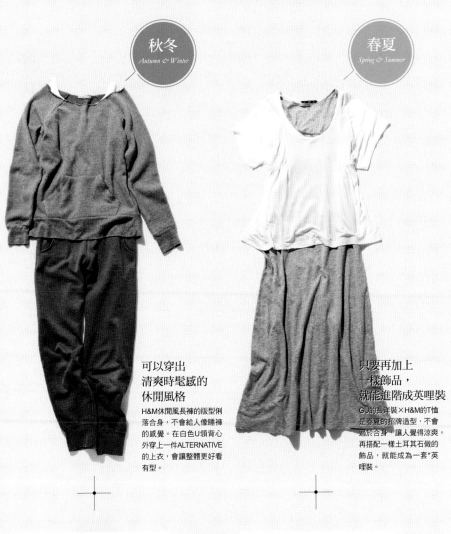

秋冬
Autumn & Winter

春夏
Spring & Summer

可以穿出
清爽時髦感的
休閒風格

H&M休閒風長褲的版型俐落合身，不會給人像睡褲的感覺。在白色U領背心外穿上一件ALTERNATIVE的上衣，會讓整體更好看有型。

只要再加上
一樣飾品，
就能進階成英哩裝

GU的長洋裝×H&M的T恤是春夏的招牌造型，不會過於合身，讓人覺得涼爽。再搭配一樣土耳其石做的飾品，就能成為一套*英哩裝。

羽絨背心

我在家裡覺得冷的時候會穿羽絨背心保暖。因為沒有袖子，做起家事來也很方便。

暖腿襪套

因為我很怕冷，夏天開冷氣時會穿在「靴下屋」買的絲質暖腿襪套保暖。

Chapter 6

打造一目了然，能輕鬆選衣的衣櫃

因為現代人的生活忙碌，所以是不是有一個易取、易收，易挑選的衣櫥變得很重要。將衣櫥整理的井然有序，一目了然，是讓穿搭靈感不斷湧出的秘訣。打扮自己光靠衣裝是不夠的，有一個能助你一臂之力，好好收藏所有東西的衣櫥更重要。

以我來說，因為我很希望能看到每一件衣服，所以當季的衣服我會盡量吊掛出來。

針織衫也依照款式歸類後掛起來。再細分以顏色歸類的話，就可以對自己擁有的衣服更有概念，搭配造型時也會更方便。我希望大家都試著擁有「了解現在衣櫥裡的衣服，是不是能表現出真實的自己」的概念。比如說，現在是不是還留著太多已經不穿，還在上班時穿的套裝

Organize
Your
Closet

Is your closet has been organized?
Busy people know what is necessary to organize the closet.
Organize the closet is the way to be fashionable.

等款式。

如果想要留下來作紀念，可以把它們收到櫃子的深處保存，跟相簿的意思一樣。留下的是現在自己比較常用的物品，保持在易收易取的狀態。如果不事先調整到忙碌時也能很快挑選出衣服的狀態，就會增加打扮自己的難度。整理衣櫃的第一步，就是下定決心清空衣櫃。這時候你就會發現，要從現有的衣服中，挑出合適的衣服，出乎意料的困難。然後再把真的很喜歡、常常穿的衣服放回去。當你看到一個新的畫面，應該就已經是一個能夠讓人充滿期待的衣櫥了。也會不想要再把不穿的衣服放回原處。就讓我們一起照著這個方法，一起打造一個整齊清楚，能輕鬆選衣的衣櫃吧。

衣櫥反映了自己的生活態度！
如何打造出一個屬於我的衣櫃

只要手邊的衣服能完全配合你目前的生活型態，
即使忙碌也可以很快的打扮好自己。

Point 1 衣櫃裡的衣服，和現在的生活型態是否契合？

你是不是已經準備好，能配合目前生活型態，並能配合TPO的衣服了呢？你是不是也覺得，明明媽媽最常穿的就是家居服，卻還是保留了很多以前上班時穿的衣服呢？所以，讓衣櫥裡的衣服 現在的生活型態，就成了整理的重點。舉例來說，如果是全職媽媽的話……

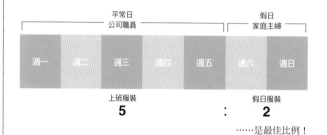

假如是一週需要工作五天的職業婦女，衣櫥裡服裝的比例，上班服和假日服為5：2最恰當。

HAYASHI生活型態的轉變與衣櫥內產生的變化

①服裝業時期

沒有區分上班和休假用的衣服。雖然件數有點多，但可以自由搭配。常不小心買太多，甚至還有不合身的……

②育兒期

當媽媽以後，幾乎每天都穿家居服……實際上穿的衣服幾乎不到我所有衣服10%。空有一堆衣服，卻因為沒有「適合的衣服」而煩惱。

③現在

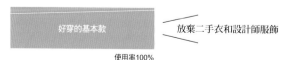

曾經為「帶小孩好辛苦、沒時間收拾家裡」而苦的我，認識了生活整頓這個專業，改變我的思考方式，現在我只須憑著「容易保養、好穿簡單」這兩個條件買衣服。

Point 3 目前的衣服應該多久淘汰一次？

· 流行款……1年
· 基本款……3年

先在心裡做好基本款穿3年就要更換的心理準備吧。「穿10年」這個理想，幾乎沒辦法實現。
衣服越常穿，就越容易磨損變舊，要定期更換才能長保亮麗潔淨。

Point 2 檢視衣櫥時應該注意的重點

· 對現在生活來說是不是必須？
· 能不能讓現在的我顯得更迷人？
· 是不是和我想要的風格一致？
· 是否感覺「想穿！」、「好喜歡！」？

Point 4 不是把「不要的衣服」撿出來，是挑選出「喜歡的衣服」

不是從衣櫥裡找出「想丟掉的衣服」，而是試著把衣服全部拿出來，把「喜歡的衣服」放回衣櫥。只要挑出在心裡出現雀躍感的衣服，就能慢慢把「好像不需要了」的衣服區分出來，準備丟棄。

Point 5 了解可以處理衣服的管道

要把完全沒穿過，而且又還可以穿的衣服和配件「丟掉」真的很令人心痛啊。最近有很多地方都能幫忙處理不要的衣物，大家可以選擇適合的方式贈送，為迎接適合自己的衣服做準備！

*二手衣de疫苗

只要將不要的衣服、包包、鞋子等物品寄到「二手衣de疫苗」這個公益團體，不只物品能重新被發展中國家人民使用，也會為他們的孩子接種小兒麻痺疫苗。

慈善義賣

將尺寸不合的衣服或鞋子拿去幼稚園或居住地舉辦的慈善義賣會拍賣。可以去居住地的政府單位官方網站確認這方面的資訊。

「*0101」獎勵回收服務

可以在丸井百貨在舉辦「丸井回收站」活動時，把不要的衣服拿去捐贈。業者將會把衣服重新整理後，再送到東北或開發中國家，每捐一件衣服也會獲得一張200日圓折價券。

舊衣回收

二手衣的回收工作可能會因為地區差異，由自治會等單位處理。回收後會直接以衣服的型態再利用，或是分解成纖維再製成地毯的底布。

譯註：原文為「古著deワクチン」。是由兩間日本公司法人及一個日本非營利組織共同合作的活動。
譯註：「0101」為株式 社丸井グループ旗下的百貨公司，這裡指的是丸井百貨提供的二手衣回收服務。

「活動式」衣櫃最適合「現在的我」

我家目前是將一個房間作為衣帽間。
由於金屬置物架可以依照生活的需求隨時調整，是目前最好的選擇。

因為我希望能快速掌握擁有
的款式，所以大多採用吊掛
方式。為左邊過季衣物套上
防塵套，看來會更整齊。

我的	我的	
老公的		A
老公的	老公的 我的	
		B
		鞋櫃
		C

A

①把大衣、外套等過季的衣物套上透氣的防塵套後收起來。②統一選用薄、能止滑的衣架。③材質較軟，沒辦法站立的小型包包可以放進儲物籃。④外型不統一的帽子也一個個重疊收進儲物籃。⑤過季的針織衣物收進簡單的儲物箱，放到架子上。

B

⑥褲子、披肩和短袖T恤等不準備吊掛出來的衣物，依照類別放進半透明的儲物盒。⑦褲子摺疊後立起來擺放，讓我拉開抽屜時能一眼看出是哪一條褲子。⑧披肩全部捲起來以後放入同一個儲物箱。

C

⑨在鞋履整理的方面，我是這樣區分：右邊是我的鞋櫃，左邊是老公的鞋櫃。另外，一定要在衣櫃或玄關設置壁鏡。⑩將常穿的鞋履放在上方，過季的放在下方。

心愛的飾品要這樣保管

飾品也要擺放清楚,最好能一目了然。
要在需要佩戴飾品時馬上就能找到目標,不要讓美麗的飾品無用武之地。
簡單透明的首飾盒不只能方便挑選,還能依照自己的需要放入小型儲物盒,
十分方便。我也建議我的客戶如此整理。

①大的飾品我會直接收進盒中,不另外分割空間。②耳環則大概依照類別,放進不同的小盒子。③土耳其石的飾品集中到同一層。④項鍊對折收入有隔板的儲物盒以後,就不用擔心會打結。

我愛用的衣櫥收納＆保養衣物小幫手

向大家介紹經過我多方嘗試，
覺得好用也會推薦給別人使用的優質產品。

(Goods_02)

存放過季衣物的防塵套

存放過季衣物的防塵套。透氣防塵，使用起來很放心。看得到內容物也很方便。CANVAS CLOSET SS，2376日圓／收納之巢

(Goods_01)

設計簡約的白色儲物箱

純白筆直的線條是最吸引人之處，即使外露也不會難看。可以用來收納過季的衣物。FAVORE NUOVO BOX L 白色，（門市）1598日圓、（網購）2138日圓／JEJ

(Goods_05)

纖薄止滑的衣架

選用薄又能止滑的衣架，就能避免佔據衣櫥空間，十分方便。我是在網路上購買成套的組合。纖瘦魔術衣架5支裝 黑色，648日圓／長塩產業

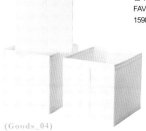

(Goods_04)

IKEA的儲物盒

輕巧可折疊式它最大的特色。最適合用來收拾材質柔軟的物品。附把手，取出時可直接拉出，非常方便。SKUBB BOX 白色 3入，1499日圓／IKEA JAPA

(Goods_03)

放在衣櫥裡的香氛袋

將香氛袋放進衣櫃，讓裡面也充滿自己喜歡的香味。香味種類豐富，讓人滿意。GREENLEAF香氛袋薰衣草香，529日圓（大）／PUFF

(Goods_06)

Nitori纖薄止滑的衣架

我常推薦我的客戶使用經濟實惠，宜得利的纖薄止滑衣架。灰白色不會太突出，能夠清楚地看見衣物。節省空間衣架5支裝，307日圓／Nitori

(Goods_07)

讓收納空間多一層的U型延伸吊衣桿

在狹窄的空間也能分上下層收納上衣類和下身類的U型延伸吊衣桿。特別要推薦給還不善於整理衣櫥的人。衣櫥用吊架W20，1026日圓／收納之巢

(Goods_09)

THE LAUNDRESS 精緻衣物洗衣精

需要清潔特殊質料的衣物時，我會使用較特別、芳香怡人的THE LAUNDRESS精緻衣物洗衣精。精緻衣物洗衣精475ml，3456日圓／THE LAUNDRESS LUMINE新宿店

(Goods_08)

Emal 護色洗衣精

方便每天都能使用的手洗精。沁心草本的香味很好聞，我都會回購。Emal沁心草本香，開放價格／花王

衣櫥收納服務 客戶案例

AFTER

〈房間配置圖〉

A	B
C	
Bed	

分類排列，讓搭配時更輕鬆

BEFORE

A

M女士
40幾歲　自營業

M女士的煩惱
「擁有很多衣服，搭配出來的造型卻千篇一律。無法好好利用包包和配件，也沒辦法自己搭配出其他風格的造型。」

A 把放在上面的棉被移到別的地方收納，過季的衣物收進整理箱。接著依照外套、襯衫這樣的感覺，將衣服分門別類排列、歸位，讓搭配時容易。衣架也換成一樣的款式，讓整體看起來整齊劃一。

AFTER

BEFORE

C

AFTER

BEFORE

B

客戶感想

「雖然我已經有很多衣服，卻總會想『再補充幾件』，多虧了林女士教我怎麼利用配件及搭配方法，我已經知道即使不再買衣服，也能夠搭配出好看造型的方法。因為照著分類排列，我喜歡的包包被拿掉了防塵套變得很容易看見，讓思考整體搭配變得比以前簡單，就算遇到忙碌的時候也能夠很快的完成適合自己的穿搭。」

B 洗衣店的塑膠防塵套不透氣，容易使衣物發黴，因此拿掉並建議改用透氣性高的不織布防塵套。常常穿的薄外套放在容易拿取的下層。C 過季的外套和當季的褲子用衣架吊掛好。將客戶愛惜的包包防塵套取下，改放在可以一目了然的褲子下方空間及前方架子上。

AFTER

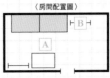

〈房間配置圖〉

因為是常穿的
服裝，更要易
收易取！

BEFORE

A

N女士
30 幾歲　家庭主婦

N女士的煩惱
「當季的衣服有些放在
房間最深處，不易拿到。
還有一些放在前方的五
斗櫃，不只難搭配，歸位
時也很麻煩……」

A 婚喪喜慶穿的服裝使用頻率低，因此將裝著它的櫃子
和過季外套的架子移到房間最裡面。然後把披肩、T恤等
收進前方五斗櫃的上半部會比較容易拿取，過季的配件
則收進下半部。

AFTER

AFTER

AFTER

BEFORE

B

客戶感想

「我從以前『只是為了準備出門換衣服』，轉變成對『想想自己要
穿什麼』覺得期待，友人的好評不斷，很開心能嘗試一直想試看
看的造型，並樂在其中。衣帽間變得井然有序，讓我清楚掌握已
擁有的和待補足的款式，這樣似乎就不太會再亂買衣服了。我很
高興能了解自己適合的風格，踏實的享受時尚帶來的樂趣。」

B 先將吊衣桿上和衣服無關的物品移
到別處，飾品和包包放到規劃好的地
方。而因為當季衣物都放到門前五斗櫃
旁邊的吊衣桿上，穿搭一下子變得輕鬆
許多了！因為客戶覺得「看得見才容易
選」，為了回應她的期望，我將針織衫
也掛起來，飾品也收納到透明的盒子
裡。

後記

Afterword

衷心感謝您選擇，並且閱讀了這本書。

大家雖然會在特別的日子精心打扮，但是平常的時候又如何呢？

是不是會常覺得「反正都是待在家裡」，

「反正只是去一趟超級市場……」而疏於打扮呢？

所以更應該好好正視這些「不特別的平常日」。

也正因為是普通的家庭主婦，和普通的媽媽，

幾乎每天都是「不特別的平常日」。

但是大家都沒想過，對家庭主婦和媽媽來說，

要是每天打開衣櫃，就能看到可以讓自己散發光芒與自信的

衣服被整理的井然有序、容易挑選，

即使再忙也能豪不猶豫的成為「想要變成的自己」。

能讓女人興奮地想著「要穿什麼好呢♡」的衣櫥，

就是女性的能量泉源。

就讓我們把那裡作為一天的開始，

一起累積「好開心！」、「好幸福！」的感受。

最後我想要感謝，一直陪在第一次著書，對很多事情不熟悉的我的身邊，給我很多意見的編輯衫本小姐、撰稿中津小姐、以及為我拍了很多很棒的照片的福本先生、相澤小姐，和幫忙我的工作人員們。

還有，有了以鈴木尚子小姐為首，「SMART STORAGE!」各位夥伴的支持真的讓我信心大增！

也感謝我的客戶樂意接受我們採訪。

以及在背後默默支持著我，對我說：「家裡的事就交給我們，你要加油喔！」的老公和媽媽。

對我說：「媽媽加油！」的女兒。真的謝謝大家。

都是因為各位的幫忙，才能完成這本對我來說是寶貝的書。

希望讀完這本書的人，能夠對明天的造型比今天的更感到「開心！」

衷心地在這裡感謝大家。

林　智子

Staff

人物攝影───福本和洋 MAETTICO
物品攝影───相澤千冬 Q's
p19 攝影───三好宣弘 RELATION
設計────谷 嘉浩 Store inc.
編輯協助、撰寫──中津悠希
妝髮────山形榮介、河嶋希、野口由佳 ROI
校正────玄冬書林
照片提供───AP/ AFLO
編輯────杉本透子、有牛亮祐 WANI BOOKS CO., LTD.

aise 3

潮流媽咪穿搭讀本！
天后御用造型師的時尚穿搭課程
「每日楽しい！」おしゃれをつくるコーディネート LESSON

作者────林 智子
譯者────白壁瑩
總編輯───郭昕詠
編輯────王凱林、徐昉驊、陳柔君、賴虹伶
通路行銷───何冠龍
封面設計───霧室
排版────健呈電腦排版股份有限公司

社長────郭重興
發行人兼
出版總監───曾大福
出版者───遠足文化事業股份有限公司
地址────231 台北縣新店市民權路 108-2 號 9 樓
電話────(02)2218-1417
傳真────(02)2218-1142
電郵────service@sinobooks.com.tw
郵撥帳號──19504465
客服專線──0800-221-029
部落格───http://777walkers.blogspot.com/
網址────http://www.bookrep.com.tw
法律顧問──華洋法律事務所 蘇文生律師

印製────成陽印刷股份有限公司
電話────(02) 2265-1491

初版一刷──2016 年 7 月
定價────299 元
Printed in Taiwan
有著作權 侵害必究

國家圖書館出版品預行編目（CIP）資料

潮流媽咪穿搭讀本！天后御用造型師的時尚穿搭課程 / 林智子
作；白壁瑩譯 • ──初版 • ──新北市：遠足文化，2016.07──
（遠足人文 aise；3）
譯自：「每日楽しい！」おしゃれをつくるコーディネート LESSON
ISBN 978-986-93281-2-8（平裝）
1. 女裝 2. 衣飾 3. 時尚

423.23   105009833